絵で見てわかる
IoT/センサ
Internet of Things
の仕組みと活用

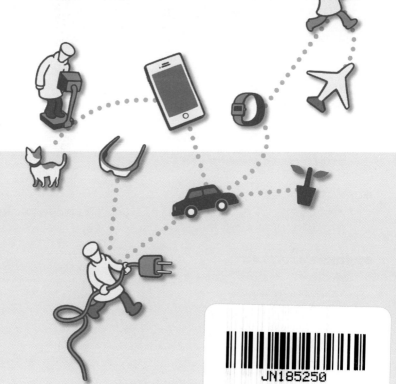

株式会社 NTTデータ
河村雅人／大塚紘史／小林佑輔／小山武士
宮崎智也／石黒佑樹／小島康平＝著

SE
SHOEISHA

本書内容に関するお問い合わせについて

このたびは翔泳社の書籍をお買い上げいただき、誠にありがとうございます。弊社では、読者の皆様からのお問い合わせに適切に対応させていただくため、以下のガイドラインへのご協力をお願い致しております。下記項目をお読みいただき、手順に従ってお問い合わせください。

●ご質問される前に

弊社Webサイトの「正誤表」をご参照ください。これまでに判明した正誤や追加情報を掲載しています。

　　　正誤表　　https://www.shoeisha.co.jp/book/errata/

●ご質問方法

弊社Webサイトの「刊行物Q&A」をご利用ください。

　　　刊行物Q&A　　https://www.shoeisha.co.jp/book/qa/

インターネットをご利用でない場合は、FAXまたは郵便にて、下記"翔泳社 愛読者サービスセンター"までお問い合わせください。
電話でのご質問は、お受けしておりません。

●回答について

回答は、ご質問いただいた手段によってご返事申し上げます。ご質問の内容によっては、回答に数日ないしはそれ以上の期間を要する場合があります。

●ご質問に際してのご注意

本書の対象を越えるもの、記述個所を特定されないもの、また読者固有の環境に起因するご質問等にはお答えできませんので、予めご了承ください。

●郵便物送付先およびFAX番号

　　　送付先住所　　〒160-0006　東京都新宿区舟町5
　　　FAX番号　　　03-5362-3818
　　　宛先　　　　　（株）翔泳社 愛読者サービスセンター

※本書に記載されたURL等は予告なく変更される場合があります。
※本書の出版にあたっては正確な記述につとめましたが、著者や出版社などのいずれも、本書の内容に対してなんらかの保証をするものではなく、内容やサンプルに基づくいかなる運用結果に関してもいっさいの責任を負いません。
※本書に掲載されているサンプルプログラムやスクリプト、および実行結果を記した画面イメージなどは、特定の設定に基づいた環境にて再現される一例です。
※本書に記載されている会社名、製品名はそれぞれ各社の商標および登録商標です。

はじめに

　本書は、これからセンサやデバイスを活用した「サービス全体の開発」を行なうハードウェアとソフトウェア、両方のエンジニアを対象に執筆したIoT解説書です。

　みなさんもモノのインターネット──Internet of Things（IoT）という単語を最近よく耳にするでしょう。IoTとは、みなさんの身のまわりにある、さまざまなモノがネットワークにつながりサービスを提供する仕組みです。この仕組みは、みなさんの生活にまるでSF映画のような体験を提供することができます。

　IoTで利用される技術は、これまでのWebサービスで使われている技術やインターネットがベースになっています。その一方で、センサやデバイスでなにができるのか。これらを取り扱うためのハードウェアの知識、組み込みソフトウェアの知識などが必要となります。

　前者のWebサービスやインターネットの知識については、いわゆるITエンジニアが得意とする分野です。また、後者のセンサやデバイスの知識については、組み込みエンジニアやハードウェアエンジニアが得意とする分野です。これら2種類のエンジニアが、それぞれ得意とする領域を活用しなければIoTを実現できません。これに加えて、IoTではデバイスから送られてくる情報を分析する技術や機械学習など、いわゆるデータサイエンティストと呼ばれる人々が得意とする技術分野を活用することもあります。

　もちろん、それぞれのエンジニアがお互いに得意な技術を持ち寄れば、IoTを実現できるでしょう。しかし、お互いの技術領域の基礎的な知識を理解していないと、エンジニア間の意思疎通が難しく、IoTの実現は非常に困難なものとなります。そこで本書は、みなさんがIoTのプロジェクトをはじめたときに、自分の知らない分野に遭遇してもとまどわないよう、手助けとなる書籍を目指しました。

　まず第1章でIoT全体を概観した後、第2章ではWebサービスで使われる技術を中心としてIoTサービスの実現方法について説明します。そして、第3章ではデバイス開発で押さえておきたいポイントを細かく解説し、続く第4章では高度なセンシングと題して近年目覚ましい進歩を遂げているNUIやGPSなどのセンシングシステムを紹介します。さらに、第5章でIoTサービスを運用するうえでのノウハウや気をつけるべきポイントを解説した後、第6章から第8章でデータ分析、ウェアラブルデバイス、ロボットといったIoTと深いつながりのある分野をカバーしていきます。

　本書は、みなさんが広大なIoTの技術分野の全貌を知るための最初の一歩となる、いわばIoT開発の道しるべのような書籍です。それぞれの分野の知識は知っている内容もあれば、まったく知らない内容もあるでしょう。ですが本書を道しるべとしてみなさんのサービスづくりに少しでも役に立てれば幸いです。

著者代表　河村 雅人

CONTENTS

はじめに iii

【第1章】IoTの基礎知識　1

1.1　IoT入門……2
 1.1.1　IoT（Internet of Things）……2
 1.1.2　IoTを取り巻く動向……2

1.2　IoTが実現する世界……4
 1.2.1　ユビキタスネットワーク社会……4
 1.2.2　モノのインターネット接続……5
 1.2.3　モノ同士の通信（M2M）が実現すること……5
 1.2.4　モノのインターネット（IoT）が実現する世界……7

1.3　IoTを構成する技術要素……9
 1.3.1　デバイス……9
 1.3.2　センサ……12
 1.3.3　ネットワーク……15
 1.3.4　IoTサービス……17
 1.3.5　データ分析……20

【第2章】IoTのアーキテクチャ　　23

2.1　IoTアーキテクチャの全体……24
　2.1.1　全体構成……24
　2.1.2　ゲートウェイ……25
　2.1.3　サーバ構成……27
2.2　データを集める……29
　2.2.1　ゲートウェイの役割……29
2.3　データを受信する……31
　2.3.1　受信サーバの役割……31
　2.3.2　HTTPプロトコル……31
　2.3.3　WebSocket……33
　2.3.4　MQTT……34
　2.3.5　データフォーマット……42
2.4　データを処理する……46
　2.4.1　処理サーバの役割……46
　2.4.2　バッチ処理……46
　2.4.3　ストリーム処理……49
2.5　データを貯める……52
　2.5.1　データベースの役割……52
　2.5.2　データベースの種類と特徴……53
2.6　デバイスをコントロールする……57
　2.6.1　送信サーバの役割……57
　2.6.2　HTTPを利用したデータの送信……57
　2.6.3　WebSocketを利用したデータの送信……58
　2.6.4　MQTTを利用したデータの送信……58

【第3章】IoTデバイス　　61

3.1　実世界とのインタフェースとしてのデバイス……62
- 3.1.1　なぜデバイスについて学ぶのか……62
- 3.1.2　コネクティビティがもたらす変化……62

3.2　IoTデバイスの構成要素……66
- 3.2.1　基本構成……66
- 3.2.2　マイコンボードの種類と選び方……71

3.3　実世界とクラウドをつなぐ……85
- 3.3.1　グローバルネットワークとの接続……85
- 3.3.2　ゲートウェイ機器との通信方式……86
- 3.3.3　有線接続……86
- 3.3.4　無線接続……88
- 3.3.5　電波認証の取得……93

3.4　実世界の情報を収集する……94
- 3.4.1　センサとは……94
- 3.4.2　センサの仕組み……95
- 3.4.3　センサを利用するプロセス……98
- 3.4.4　センサの信号を増幅する……99
- 3.4.5　アナログ信号からデジタル信号へ変換する……101
- 3.4.6　センサのキャリブレーションを行なう……103
- 3.4.7　センサの選び方……105

3.5　実世界にフィードバックする……108
- 3.5.1　出力デバイスを使ううえで重要なこと……108
- 3.5.2　ドライバの役割……109
- 3.5.3　正確な電源を作る……112
- 3.5.4　デジタル信号をアナログ信号に変換する……113

3.6　ハードウェアプロトタイピング……115
- 3.6.1　プロトタイピングの重要性……115
- 3.6.2　ハードウェアプロトタイピングの心得……117

3.6.3　ハードウェアプロトタイピングの道具……119
3.6.4　プロトタイピングを終えて……122

【第4章】高度なセンシング技術　　123

4.1　拡張するセンサの世界……124
4.2　高度なセンシングデバイス……125
4.2.1　RGB-Dセンサ……126
4.2.2　ナチュラルユーザインタフェース（NUI）……134
4.3　高度なセンシングシステム……138
4.3.1　衛星測位システム……138
4.3.2　準天頂衛星……149
4.3.3　IMES……151
4.3.4　Wi-Fiを用いた位置推定技術……153
4.3.5　ビーコン……156
4.3.6　位置情報とIoTの関係……157

【第5章】IoTサービスのシステム開発　　159

5.1　IoTとシステム開発……160
5.1.1　IoTのシステム開発の課題……160
5.1.2　IoTシステム開発の特徴……161
5.2　IoTシステム開発の流れ……164
5.2.1　仮説検証フェーズ……164
5.2.2　システム開発フェーズ……165
5.2.3　保守運用フェーズ……166
5.3　IoTサービスのシステム開発事例……167
5.3.1　フロア環境モニタリングシステム……167
5.3.2　省エネモニタリングシステム……170
5.4　IoTサービス開発のポイント……173

5.4.1 デバイス……173

5.4.2 処理方式設計……180

5.4.3 ネットワーク……190

5.4.4 セキュリティ……192

5.4.5 運用／保守……199

5.5 IoTサービスのシステム開発に向けて……204

【第6章】IoTとデータ分析　　205

6.1 センサデータと分析……206

6.1.1 分析の種類……207

6.2 可視化……209

6.2.1 集計分析……209

6.3 高度な分析……216

6.3.1 高度な分析の基礎……216

6.3.2 分析アルゴリズムで「発見」「予測」する……225

6.3.3 予測……226

6.4 分析に必要な要素……230

6.4.1 データ分析の基盤……230

6.4.2 CEP……232

6.4.3 Jubatus……234

【第7章】IoTとウェアラブルデバイス　　237

7.1 ウェアラブルデバイスの基礎……238

7.1.1 IoTとウェアラブルデバイスの関係……238

7.1.2 ウェアラブルデバイスの市場……241

7.1.3 ウェアラブルデバイスの特徴……244

7.2 ウェアラブルデバイスの種類……247

7.2.1 ウェアラブルデバイスの分類……247

7.2.2　グラス型……252

　　7.2.3　ウォッチ型……256

　　7.2.4　アクセサリ型……259

　　7.2.5　目的別の選び方……262

7.3　ウェアラブルデバイスの活用……271

　　7.3.1　ウェアラブルデバイスの利便性……271

　　7.3.2　コンシューマでの活用シーン……271

　　7.3.3　エンタープライズシーンでの活用……274

【第8章】IoTとロボット　　279

8.1　デバイスからロボットへ……280

　　8.1.1　デバイスの延長としてのロボット……280

　　8.1.2　実用範囲が拡大しているロボット……281

　　8.1.3　ロボットシステム構築のカギ……283

8.2　ロボット用ミドルウェアの利用……284

　　8.2.1　ロボット用ミドルウェアの役割……284

　　8.2.2　RTミドルウェア……285

　　8.2.3　ROS……286

8.3　クラウドにつながるロボット……289

　　8.3.1　クラウドロボティクス……289

　　8.3.2　UNR-PF……290

　　8.3.3　RoboEarth……293

8.4　IoTとロボットの今後……297

最後に……298

参考文献……300

索引……302

COLUMN

活発化する標準化活動……8
REST API……32
画像や音声、動画のデータの取り扱い……45
事例〜植物工場向け環境制御システム〜……60
オープンソースハードウェアの台頭……84
基板製作に挑戦！……121
レベニューシェア……166
機械学習とデータマイニング……224
分析の難しさ……236
ハードウェア開発の最近の動向……278

第1章

IoTの基礎知識

1.1 IoT入門

最初に、IoT(アイオーティ)を学ぶうえで必要な基礎知識について押さえておきましょう。

1.1.1　IoT（Internet of Things）

IoTやモノのインターネットという言葉を聞いて、みなさんはどのようなイメージを抱くでしょうか。

IoTは「Internet of Things」の略称で、日本語では「モノのインターネット」と訳されます。ここでいう「モノ」とはネットワークにつながることが可能な私たちのまわりにある身近な物です。たとえば、今あなたが身に着けている服や時計、家電や車、もしくは家自身、さらには今あなたが読んでいる本書も、ネットワークにつながれば、IoTでいうところの「モノ」になります。

IoTとは、私たちがインターネットでお互いの情報を伝達し合って活動するのと同様に、ネットワークにつながる「モノ」同士が情報を共有して、有益な情報を生み出し、人の手を介することなく動いたりします。このようにして、これまで実現できなかった魔法のような世界を創り出します。

1.1.2　IoTを取り巻く動向

ICT市場調査会社のIDCでは、国内IoT市場の2013年の市場規模を約11兆円と算出しています。2018年には2013年のほぼ2倍にあたる21兆円台に増えると予測されています。

IoT市場はいくつかの市場で形成されています（図1.1）。"モノ"に該当するデバイス市場やモノとモノをつなぐコネクティビティを掌るネットワーク市場に加え、運用管理系のプラットフォーム市場、収集したデータを分析する分析処理市場などがあります。

図1.1　IoTを取り巻く関連市場

　IoTという市場を創り出した要素としては、通信モジュールの低廉化やクラウド型サービスの普及が挙げられます。近年では、2014年10月にIntel社が「Intel Edison」というシングルボードコンピュータを市場投入しました。これは、デュアルコア、デュアルスレッドのCPUや1GBのメモリ、4GBのストレージ、デュアルバンドのWi-FiおよびBluetooth 4.0を切手サイズのモジュールに搭載したものです。また、Microsoftが「Microsoft Azure Intelligent Systems Service（ISS）」というソリューションを発表しました。これはデータ管理や処理、通信管理などの機能をクラウド型で提供するものです。

　他にも、プラットフォームや分析処理、セキュリティなどについても、IoTに特化した製品やサービスが市場投入されはじめています。今後の市場の形成に向けては、各垂直市場に精通した事業者との連携やトライアル環境の積極的な提供、コンシューマの生活に密着したサービス開発が重要となります。

1.2 IoTが実現する世界

1.2.1 ユビキタスネットワーク社会

　IoTが実現する世界を語る前に、"ネットワークにつながる"という観点で歴史を振り返ってみましょう。

　1990年代はじめ、従来のメインフレームを中心とした集中処理からクライアントサーバを中心とした分散処理へとトレンドが移り変わります。1990年代後半からはインターネットやWebに代表されるネットワークを中心とした新しい集中処理がトレンドとなります。これがWebコンピューティングという概念です。インターネットを介してPC、サーバ、モバイル機器間で情報のやり取りが容易に可能となりました。

　2000年代はじめからはユビキタスネットワークという概念が注目されはじめました。ユビキタスネットワークは、"いつでもどこでも"インターネットをはじめとしたネットワークにつながることにより、さまざまなサービスを利用できるというコンセプトです（図1.2）。近年では、スマートフォンやタブレットをはじめ、ゲーム機、テレビといった、従来インターネットに接続できなかったモノを介して私たちはいつでもどこでもインターネットへアクセスできます。

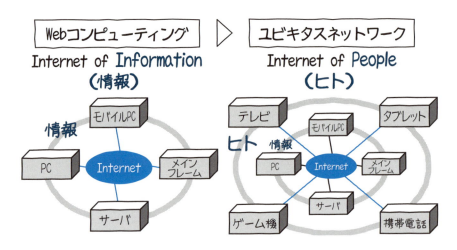

図1.2　ヒトがいつでもどこでもネットワークへつながるユビキタスネットワーク

1.2.2　モノのインターネット接続

　ブロードバンド整備が進むにつれて、ユビキタスネットワーク社会が実現されてきています。これに加え、機器に搭載できるような超低消費電力のセンサ機器の市場投入や、無線通信技術の進歩などにより、従来インターネットに接続されていたパソコンやサーバ、スマートフォンなどのIT関連機器以外のさまざまな"モノ"がインターネットに接続できるようになりました（図1.3）。自動車や家電、家などをはじめ、最近では、Google GlassやApple Watchに見られるように、眼鏡や時計、アクセサリといった身に着けるモノもインターネットにつながり、活用されはじめています。

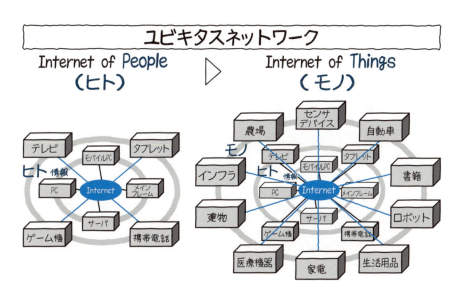

図1.3　インターネットへつながるさまざまな"モノ"

　さて、いろいろなモノがインターネットにつながるということはわかってきましたが、つながることでなにが起こるのでしょうか。そして、どのように便利になるのでしょうか。それでは、IoTがもたらす世界を見ていきましょう。

1.2.3　モノ同士の通信（M2M）が実現すること

　IoTを実現するうえで近年注目されているキーテクノロジーとしてM2M（Machine

to Machine：モノ同士の通信）があります（図1.4）。IoTとM2Mは同義と見られることが少なくありませんが、厳密にいうと異なります。M2Mとは、人が介在しない機械と機械の通信のことをいいます。つまり、機械と機械が自動的に情報をやり取りするシステム全体を表わすことが多いです。一方、IoTとは、情報を受け取る人へのサービスを含めて表わすことが多く、M2Mよりも幅広い概念です。

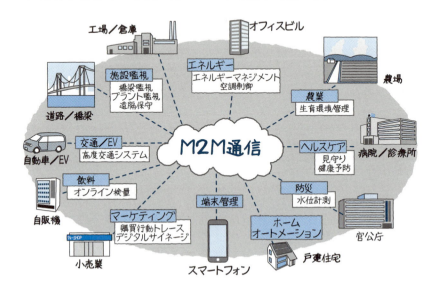

図1.4　M2M通信が実現する社会

あらゆるモノにコンピュータが内蔵され、いつでもどこでもコンピュータの助けが得られるユビキタスコンピューティングの世界。これを支えるM2M通信は、スマートコミュニティやスマートグリッドなど、社会を支えるインフラとして、徐々に実現されつつあります。

なお、M2M通信では、3GやLTE回線などによる情報システム経由の通信に限ったものではなく、ローカルネットワークにおける無線／有線の通信も手段として挙げられます。

企業内の情報やインターネットの情報に加え、機器の情報を活用できるようになったことで実世界における状況の変化をとらえることができるようになりました。これにより、特に企業における情報活用が進んだといえます。

1.2.4 モノのインターネット（IoT）が実現する世界

　M2M通信により、デバイスの情報を収集／蓄積し、分析されたデータを活用することで便利な世の中になることはわかりました。これに加えて数百億ものデバイスが接続されるようになったらどうでしょうか。

　従来は、少量の高価な産業機械などを通信させることにより、モノの遠隔制御がなされてきました。今後は、安価で大量生産されるコンシューマ向けの機器を通信させることが増えてきます。これらのモノから得られるデータの活用によりさまざまなサービスが台頭してくるでしょう。また、高度なセンシング技術の普及が実世界の把握や予測を実現し、人、モノ、社会、環境のデータがリアルタイムかつ多量に収集されることで、産業競争力強化、都市や社会制度の設計、防災などの異常検知といった新たな社会インフラの構築も期待されています。

　ひと目でわかるデバイス以外にも、ありとあらゆる場所にコネクティビティ（機器やシステム間の相互接続性や結合性）を持ったデバイスが増えていきます。IoTのトレンドはこういう事象を指しています。本章では、IoTが実現する世界のイメージをもう少し見てみましょう。

1. スマートデバイス
2. コネクティビティ付きのモノ
3. ネットワーク
4. Webシステム
5. データ分析技術

　これらを組み合わせることで、これからどのような革新的なサービスが出てくると思いますか。

　たとえば、スマートホームと呼ばれる、賢い住宅の制御のためのデバイスはすでに数多く市販されています。Philips hueは明るさや色をIPネットワーク経由で制御できる電灯です。Nestは空調などの機器制御と設定値を学習する機器コントローラです。これらをWebシステムやウェアラブルデバイスといったスマートデバイスと組み合わせれば、住宅側が人の動きや体調に合わせて環境コントロールしてくれる、ということも実現可能です（図1.5）。

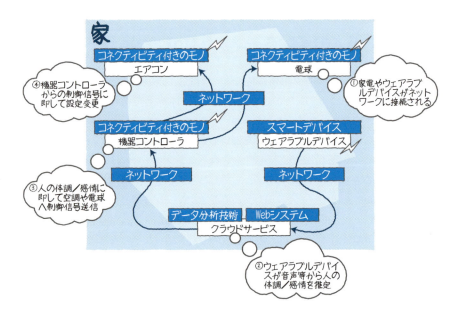

図1.5　人の状態に即した自動環境制御──スマートホームの例

　単なる制御に留まらず、"近接通信による自律制御／自動化" や "機械学習による自動判断" といった付加価値を付けることがトレンドの1つといえます。

COLUMN

活発化する標準化活動

　IETE (The Institution of Electronics and Telecommunication Engineers) や3GPP (Third Generation Partnership Project)、ITU (International Telecommunication Union) などの標準化団体のほか、民間企業によるIoTのイニシアティブをめぐる動きも活発化してきています。

　2013年12月にはクアルコムの支持をうけて、家電メーカー横断的なIoT推進団体「AllSeen Alliance」が設立されました。メーカーの垣根を越えて、冷蔵庫やオーブン、電灯などあらゆるものをインターネットで連携させようという統一規格を策定しようという考えです。

　2014年7月には、Intelとサムスンが後押しするIoT団体「Open Interconnect Consortium (OIC)」が設立されました。IoTに関連する機器の規格と認証を策定することを目的としています。

　このようなオープンな規格を各メーカーが採用するかどうかが今後のIoT普及への鍵となると考えられます。IoTに携わるエンジニアとしては、このような標準化動向も勘案した製品選定が肝要となります。

1.3 IoTを構成する技術要素

　IoTを実現するためには、多くの技術要素が必要となります。センサなどの電子部品、電子回路から、Webアプリケーションでよく使われている技術、またデータ分析などです。本書では全体を通してこのような技術を解説していきます。個別の詳しい内容は第2章以降で扱いますが、ここではまず本書で扱う内容を俯瞰していきましょう。

1.3.1 デバイス

　IoTはこれまでのWebサービスとは違い、デバイスが重要な役割を担っています。デバイスとは、センサと呼ばれる電子部品が組み込まれ、ネットワークに接続されたモノのことです。たとえば、みなさんの持つスマートフォンやタブレットもデバイスの1つです。家電製品やいつも身に着けている時計、傘なども条件を満たせばデバイスとなります（図1.6）。

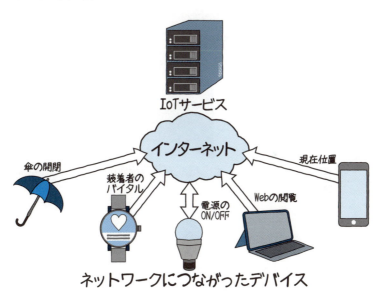

図1.6　ネットワークにつながったデバイス

　これらデバイスは「センシング」と「フィードバック」という2つの役割を果たします。次にそれぞれの役割について説明します。

●センシングの役割

　センシングとは、デバイス自身の状態やまわりの環境の状態を収集してシステムに通知する動作です（図1.7）。ここでいう状態とは、たとえば部屋の扉の開閉状態、部屋の温度や湿度、部屋の中に人がいるかどうかなどです。デバイスはセンサという電子部品を利用してこの動作を実現します。

　たとえば、傘に開閉を検知するセンサとネットワーク接続機能があれば、複数の傘の開閉状態を検知できます。これを利用することで、雨が降っているかを調べることができます。この場合、開いている傘が多い地域では雨が降っていると推測できるでしょう。逆に閉じている傘が多い地域では雨が降っていないと推測できるはずです。また、デバイス周囲の環境をセンシングすることで、温度や湿度などの情報も収集できます。

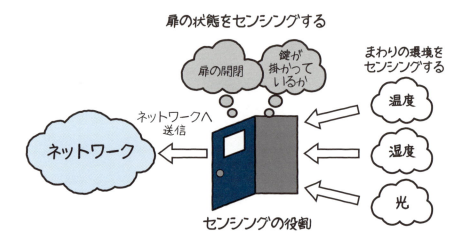

図1.7　センシングの役割

●フィードバックの役割

　もう1つの役割はシステムからの通知を受けて、情報の表示や指示された動作を行ないます（図1.8）。センサから収集された情報をもとに、システムはなんらかのフィードバックを行ない、実世界に対してアクションを起こすことになります。

　フィードバックには複数の方法があります。大きく分けて図1.9のように3つの方法が考えられます。それぞれ、可視化、通知、制御です。

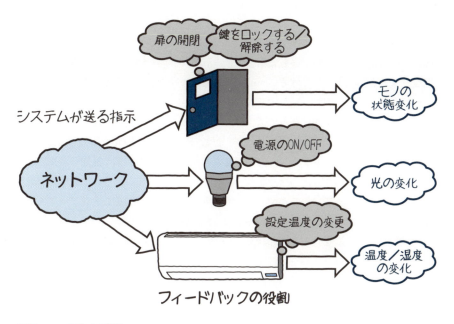

図1.8　フィードバックの役割

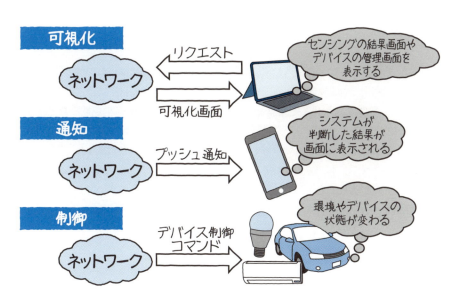

図1.9　フィードバックの3つの方法

たとえば「可視化」では、IoTサービスが収集した情報をパソコンやスマートフォンのWebブラウザを使いユーザが閲覧できるようにします。最終的にアクションを起こすのはユーザですが、最も簡単なフィードバックの一例でしょう。現在の部屋の温度や湿度を可視化するだけで、人は環境を最適にコントロールできます。

　「プッシュ通知」では、モノの状態からなんらかのイベントをシステムが検知してデバイスへと通知します。たとえば、ユーザのスマートフォンなどにサーバから通知を送りメッセージを表示させます。近年では、FacebookやTwitterなどのSNSが、親切にも私たちのスマートフォンに対して友人の食事や旅行を頻繁に通知してくれるようになりました。しかし、あなたがスーパーを訪れたとしましょう。冷蔵庫の牛乳が賞味期限切れになっていることや、洗濯用洗剤がなくなっていることをプッシュ通知で教えてくれるほうがより便利な世界になったと感じませんか。

　「制御」では、人間を介することなく、システムがデバイスの動作を直接制御します。ある夏の夕方、あなたが最寄りの駅から歩いて帰る途中、あなたのスマートフォンはGPSでとらえた現在位置と進行方向、加速度センサでとらえた歩くスピードをIoTのサービスに通知します。サービスはあなたが自宅に帰る途中であることを解釈し、さらに移動スピードから帰宅時間を想定します。その後、家のエアコンへと空調温度と動作開始の指示を行ないます。あなたが家に帰る頃に、自宅は快適な空間となっているのです。

1.3.2　センサ

　前項で触れたようにデバイスや環境の状態を収集するためには、センサと呼ばれる電子部品が利用されます。

　センサは、物理的な現象を電気信号として出力する役割を担っています。たとえば、温度や湿度を電気信号として出力するセンサがあります。超音波や赤外線など人間が感じることが難しい現象を電気信号として変換できるものも存在します。

　デジタルカメラに利用されている撮像素子もレンズから入った光を3色の光源として捉えて、電気信号に変換しています。これもセンサに分類して良いでしょう。センサの種類を図1.10に示します。これらセンサの種類やそれぞれの仕組みについては、第3章で詳しく説明します。

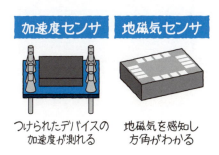

図1.10 代表的なセンサの種類

　センサが出力する電気信号を通して、システムは現実世界のモノの状態や環境の状態を知ることができます。

　これらのセンサは単体で利用することはまれで、さまざまなモノに複数埋め込まれ、利用されるのが一般的です。最近のスマートフォンやタブレットには、多くのセンサが埋め込まれています。たとえば、画面の傾きを検知するためのジャイロセンサや加速度センサ、音声を拾うマイク、写真を撮影するためのカメラ、方位磁石の役割をする地磁気センサです。

　センサ自体を環境に埋め込み情報を収集するセンサノードと呼ばれるものもあります。センサノードとはBluetoothやWi-Fiなどの無線通信をする装置とバッテリが一緒になったセンサのことです。これらはゲートウェイと呼ばれる専用の無線ルータに接続され、センサデータの収集が行なわれます（図1.11）。

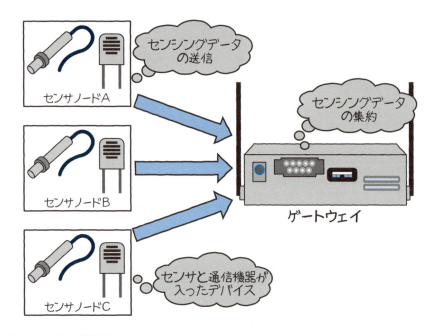

図1.11　センサノードとゲートウェイ

　たとえば、農場などで植物を育成する環境を計測する、家庭内の部屋の温度や湿度を監視する場合には、これらセンサノードを利用すると良いでしょう。それ以外にも、さまざまな製品が発売されているヘルスケア向けのウェアラブルデバイスは、加速度センサや脈拍計を備えています。これらを使い、人間の生活リズムや健康管理を行なうことができます。

　このように、IoTサービスはセンサを利用することでデバイスや環境、人といった「モノ」の状態を知ることができます。自分が実現したいサービスのためにはどんな情報が必要か、またそのためにはどのようなセンサとデバイスを利用すればいいのかを検討する必要があります。

1.3.3 ネットワーク

　ネットワークは、デバイスをIoTサービスにつなぐために必要です。また、IoTサービスにつなぐだけでなく、デバイス同士を接続するためにも必要となります。IoTで使われるネットワークは、大きく2種類に分けられます（図1.12）。1つはデバイス同士を接続するためのネットワークです。もう1つはデバイスとIoTサービスを接続するためのネットワークになります。

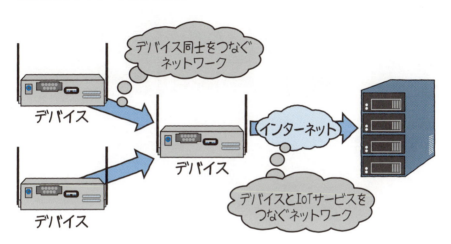

図1.12　IoTで使う2つのネットワーク

◉デバイス同士を接続するネットワーク

　デバイスの中には直接インターネットに接続できないものもあります。デバイス同士を接続することで、インターネットに接続できないデバイスが他のデバイスを経由してインターネットに接続できます。先ほど紹介したセンサノードとゲートウェイが、その代表的な例です。この他にも、ウェアラブルデバイスで収集したデータをスマートフォン経由でIoTサービスに送る方法もあります。

　代表的なネットワークの規格としては、Bluetooth、ZigBeeと呼ばれるものがあります。この2つは無線で接続され、利用する通信プロトコルまで決定されています。これらのプロトコルの特徴としては、近距離通信が得意な無線接続であること、低消費電力であること、組み込み機器に組み込みやすいことなどが挙げられます。

デバイス同士の接続は、1：1の接続のほかに1：N、N：Nの接続方法があります。特にN：Nの接続の場合は、メッシュネットワークと呼ばれています（図1.13）。

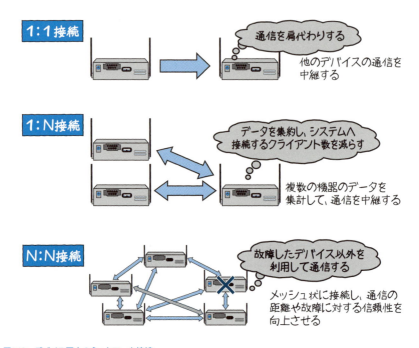

図1.13　デバイス同士のネットワーク接続

メッシュネットワークに対応している通信規格としては、ZigBeeと呼ばれる規格があります。N：Nの通信を行なうことで、デバイスが他のデバイスを中継しながら遠くまで通信できます。その他に、1つのデバイスが通信不能になっても他のデバイスが代わりに通信するといった利点もあります。

こういったデバイスの通信規格についても第3章で扱います。

●デバイスとサーバをつなぐネットワーク

デバイスからIoTサービスにつなぐネットワークにはインターネット回線が用いられます。特に3GやLTEといったモバイル回線が利用されることが多いです。

プロトコルは、HTTPやWebSocketなど現在のWebサービスで広く使われているプロトコルのほかに、MQTTといった、M2MやIoTのために作られた軽量なプロトコルも利用されます。プロトコルについては第2章で詳しく説明します。

1.3.4 IoTサービス

IoTサービスは2つの役割を持っています。デバイスからのデータの受信と送信、データの処理と保存です（図1.14）。

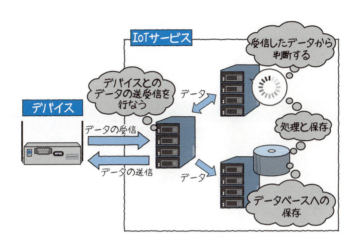

図1.14　Webシステムの役割

ここではそれぞれの役割について見ていきましょう。

◉データの受信と送信

　一般的なWebサービスは、WebブラウザからのHTTPリクエストに応じてHTMLを送り、Webブラウザで表示を行ないます。IoTサービスでは、Webブラウザではなく、デバイスから直接送られてくるデータを受信することになります。送られてくるデータは、デバイスに搭載されたセンサが収集した情報や、ユーザがデバイスを操作した内容です。デバイスとIoTサービスの通信方法には大きく分けて、同期と非同期の2つの方法があります（図1.15）。

　デバイスがデータを送信する場合、同期通信ではデバイスからIoTサービスにデータを送信します。続いて、IoTサービスの受信処理が完了するまでを1つの通信として扱います。逆に、デバイスへのフィードバックをIoTサービスが行なう場合は、デバイス側からメッセージの要求を行ない、IoTサービスがその応答としてメッセージの送信を行ないます。この方法では、IoTサービスはデバイスからの要求があるまで

メッセージを送信できません。しかし、デバイスのIPアドレスがわからない（不明な）場合でも要求があればメッセージを送信できるため、デバイスのIPアドレスがわからない場合に適しています。

　非同期通信では、デバイスからIoTシステムに対してデータを送信するまでを1つの通信として扱います。また、IoTサービスからデバイスへデータを送信する場合はデバイスからのリクエストを待たずに、任意のタイミングで実施できます。この方法では、IoTシステムの決める任意のタイミングでメッセージを送ることが可能です。しかし、IoTシステムがあらかじめメッセージを送るデバイスのIPアドレスを知っている必要があります。

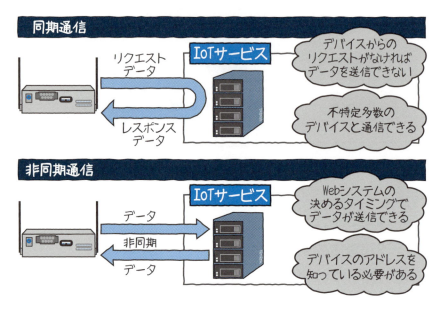

図1.15　Webシステムとデバイスの通信

　第2章では、このような通信について、実際に使われるプロトコルを用いて解説していきます。

●データの処理と保存

　データの処理と保存は、図1.14で見たようにデバイスから受信されたデータをデータベースへと保存します。また、受信したデータからデバイス制御の判断を行ないます。

　デバイスから受信されるデータは、コンピュータで扱いやすい数値データだけでは

ありません。実現したい内容によっては、画像や音声、自然言語といったコンピュータでは直接扱うことが難しい構造化されていないデータも含まれています。このようなデータを非構造化データと呼んでいます。処理では非構造化データからコンピュータで処理を行ないやすいデータの抽出を行なうこともあります。たとえば、画像や音声の特徴を表わす値などです。これらの情報をデータベースへ保存していきます。

抽出されたデータから判断のロジックに従い、デバイスがフィードバックする内容を決定します。たとえば、ある部屋の温度データをもとに、エアコンのON/OFFや設定温度を決定します。これらの処理と保存の方法は大きく2種類あります。1つは保存されたデータを定期的にまとめて処理するバッチ処理、もう1つは受信したデータを逐次的に処理していくストリーム処理です（図1.16）。

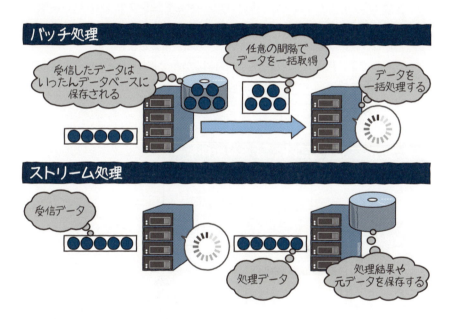

図1.16　データの保存と処理のタイミング

部屋の温度変化に対するエアコンの動作の変更などは、エアコンに指示を送ってから温度が変化するまでしばらく時間がかかります。このような場合は、一定時間温度の値を記録し続け、定期的に処理を行なうバッチ処理が適しているでしょう。また、人が部屋に帰ってきたときに、エアコンの電源をONにしたいという場合は、即座に処理を行なうストリーム処理が適しているといえます。

1.3.5 データ分析

　前項では「温度センサとエアコンの動作の関係」を例に挙げて説明しました。この例のように、「部屋の温度に合わせてエアコンを制御する」ことは簡単に実現できるのでしょうか。

　これを実現するためには、エアコンのON/OFFを決定する部屋の温度の値、つまり温度の閾値(しきいち)を決定する必要があります。このとき、閾値の値は目的によって異なります。たとえば、エアコンの電力消費を最小とするための閾値と、人が不快にならない温度を保つための閾値はおそらく異なる値となるでしょう。また、部屋に人がいるかどうかを確実に判断するためには、複数のセンサの値の関係性から人がいるときといないときを判断する必要があります。このようなセンサの値を人が手探りで経験的に決定するのは非常に困難です。そこで、データ分析が重要となります。

　データ分析では、代表的な手法として統計的な分析と機械学習という2つの方法が採られます（図1.17）。ここでは統計分析や機械学習を使ってなにができるのかを見ていきましょう。

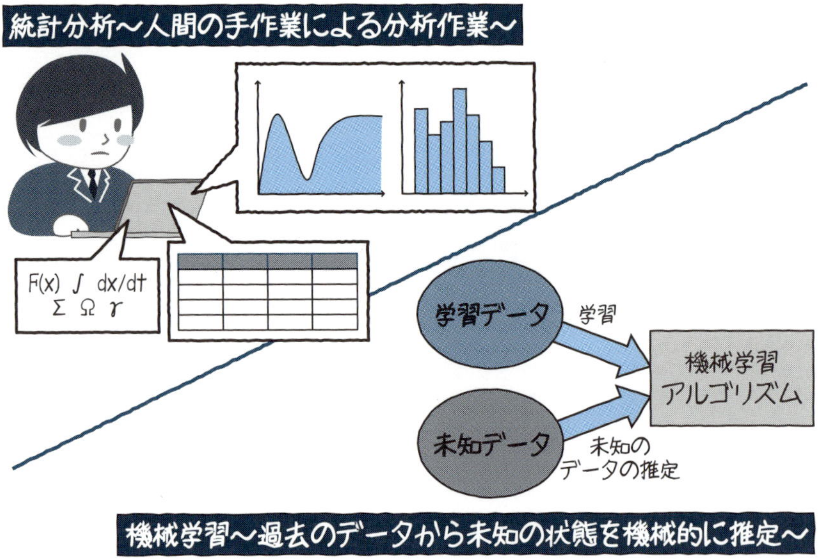

図1.17　データ分析の2つの方法

●統計分析

統計分析は、集められた多くのデータから数学的な手法で事柄の関係性を明らかにする方法です。たとえば、エアコンの省エネを実現するために、ある一定の温度でエアコンが動作しているときの部屋の温度とエアコンの消費電力を調べ、グラフを作成したとします（図1.18）。

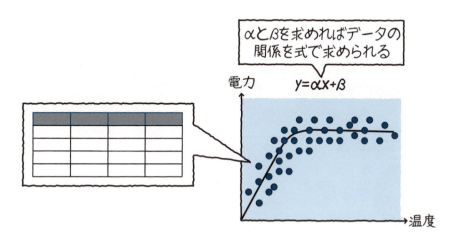

図1.18　エアコンの電力と室温の関係例

この関係から、室温に対して最も消費電力が少なく動くエアコンの設定温度が導き出せます。ここから、閾値を決定することができるでしょう。

この例はグラフを書いてそこから読み取るという方法ですが、統計的な手法として回帰分析と呼ばれる手法があります。詳しくは第6章で説明します。

●機械学習

統計分析は、大量のデータ間の分析により、現在どのような関係性になっているかを明らかにしました。機械学習では分析だけでなく、今後どうなっていくかを予測することが可能となります。

機械学習は、文字通りプログラムが決められたアルゴリズムにそって与えられたデータの関係性を機械的に学習します。未知のデータが与えられた場合もそれに対応する値を出力するというものです。

機械学習には、学習フェーズと識別フェーズという2つのフェーズがあります（図1.19）。学習フェーズは、学習器と呼ばれるプログラムが訓練データと呼ばれる与えられたデータをもとに機械的にその関係性を把握していきます。学習フェーズの結果として機械学習のアルゴリズムにそったパラメータが出力されます。このパラメータをもとに識別器と呼ばれるプログラムが作成されます。この識別器に未知のデータを与えることで、その値に最もふさわしい出力が得られるようになります。

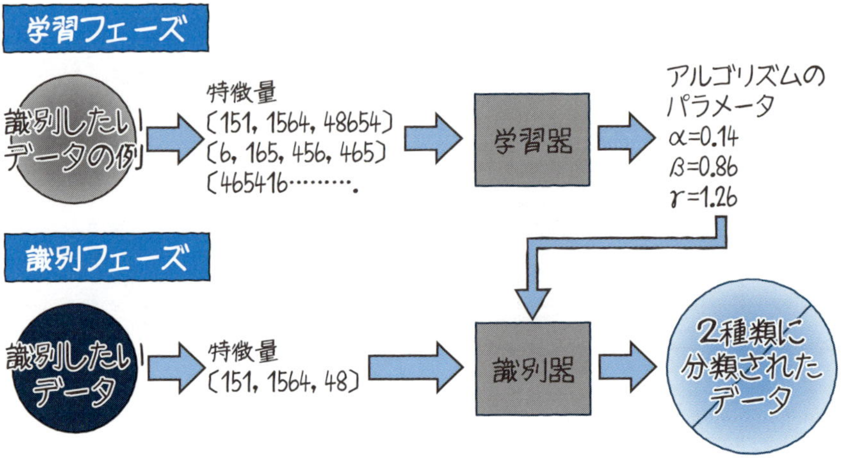

図1.19　機械学習の例

　たとえば、複数種類のセンサを使い、部屋の中に人がいる場合といない場合の識別を行ないたいとします。このとき、部屋に人がいるときのセンサデータ（正例）と、部屋に人がいないときのセンサデータ（負例）の2種類のデータを用意します。このデータをそれぞれ学習器に与えることで、識別器を作るためのパラメータが得られます。パラメータをもとに作られた識別器に対して、それぞれのセンサデバイスから送られてきたデータを入力すると、今部屋に人がいるのか、いないのかを識別器が出力できます。

　これは分類問題と呼ばれる機械学習の一例です。データの分類を行なうための機械学習アルゴリズムには、メールのスパムフィルタに使われているベイジアンフィルタやドキュメントの分類、画像の分類に使われるSVM（Support Vector Machine）などの手法があります。また、分類問題以外にも機械学習で解決できる問題は多岐にわたります。

第 2 章

IoTのアーキテクチャ

2.1 IoTアーキテクチャの全体

IoTを実現するために、IoTサービスは大きく分けて2つの役割を担っています。

1つは、デバイスから送られてきたデータをデータベースに保存する、という役割です。また、集めたデータを分析するといった処理を行ないます。

そしてもう1つは、デバイスに対して指示や情報を送る、という役割です。

本章ではこのようなIoTサービスをどのように構成すればいいのか、また実現するための重要な要素について紹介していきます。

2.1.1 全体構成

図2.1のように大きく3つの構成要素に分けられます。1つはデバイス、もう1つはゲートウェイ、そしてサーバです。デバイスの基本的な構造やそこで使われている技術については第3章で詳しく説明します。そのため、本章ではデバイスについては触れません。本章では、ゲートウェイとサーバがどのような仕組みで実現されているのかを詳しく見ていきます。

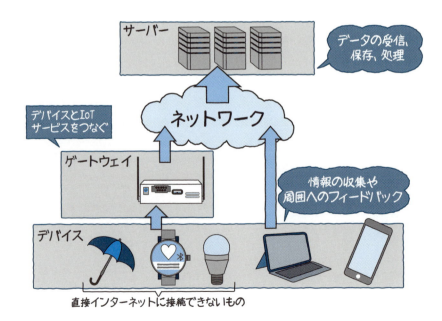

図2.1　IoTアーキテクチャの全体構成

2.1.2 ゲートウェイ

IoTで利用するデバイスでは図2.1左下に示す3つのデバイスのように、直接インターネットに接続できないものがあります。ゲートウェイはこのようなデバイスとインターネットの間を中継する役割を担います。

ゲートウェイは、複数のデバイスを接続することができ、インターネットに対して直接接続できる機能を持つ機器（やソフトウェア）のことです（図2.2）。現在では多くの種類のゲートウェイが販売されています。ゲートウェイではLinuxと呼ばれる種類のOSが動作していることが多いです。

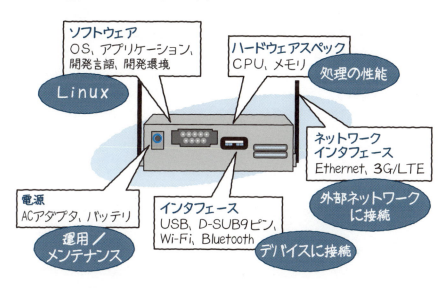

図2.2　ゲートウェイ選択の観点

ゲートウェイを選択するときに重要な観点がいくつかあるので、見ていきましょう。

◉インタフェース

まず重要なのはゲートウェイとデバイスを接続するインタフェースです。ゲートウェイのインタフェースによって接続できるデバイスが決まります。そのため、接続したいデバイスに合わせたインタフェースを選択することが重要です。

有線の接続形式ではシリアル通信とUSB接続があります。シリアル通信ではD-sub 9pinと呼ばれるコネクタがよく使われます。USBコネクタには複数の種類があります。

無線接続ではBluetoothやWi-Fi（IEEE 802.11）がインタフェースとして使われます。また、920MHz帯の電波を使ったZigbeeと呼ばれる規格や各メーカー独自のプロトコルが存在します。それぞれの特徴は第3章で詳しく説明しますが、デバイスの対応している規格に合わせて選択することが重要です。

◉ネットワークインタフェース

EthernetやWi-Fi、3G/LTEで外部のネットワークに接続します。ネットワークインタフェースはゲートウェイの設置場所に影響を与えます。有線接続のEthernetは通信環境が安定しています。しかし有線のため、設置場所までLANケーブルを配線しなければなりません。そのため、設置場所にある程度制約が生じてしまいます。

3G/LTE接続では比較的設置場所を自由に決められます。しかし、電波の強さによって通信の品質が変わってくるため、有線接続に比べて通信が安定しません。そのため、電波が届きにくいビルの中や工場などの閉鎖された環境の場合、設置が困難になるケースがあります。しかし、ゲートウェイのみで外部との通信が完結するため扱いやすいのが利点です。なお、3G/LTEの場合は携帯電話と同様に、回線事業者と契約して、SIMカードを取得する必要があります。

◉ハードウェア

ゲートウェイのハードウェアは一般的なパソコンよりもCPUやメモリといったハードウェアの性能が限られています。ゲートウェイにやらせたいことをしっかりと決めてハードウェアの性能を考慮する必要があります。

◉ソフトウェア

ゲートウェイで動作するOSには、主にLinuxと呼ばれる種類のOSが利用されています。複数の種類のサーバ用途のLinuxが存在しますが、ゲートウェイでは組み込み向けに特化したLinuxが搭載されています。

また、BusyBoxと呼ばれる小さなメモリで動作する標準的なLinuxのコマンドツールをまとめたソフトウェアがあります。少ないハードウェア資源で動作させるために利用されます。これ以外にもゲートウェイの機能をコントロールするためのライブラリの有無やその対応言語などを考えたうえで決定します。

◉電源

意外に忘れがちなのが電源です。ゲートウェイの電源はほとんどがACアダプタです。そのため、ゲートウェイの設置場所には電源を用意する必要があります。バッテ

リを搭載したゲートウェイがあれば電源の必要がありませんが、充電などのメンテナンスの必要があります。

2.1.3 サーバ構成

IoTサービスは、大きく分けて3つの役割に分けることができます。本書ではそれぞれフロントエンド部、処理部、データベース部と呼びます（図2.3）。

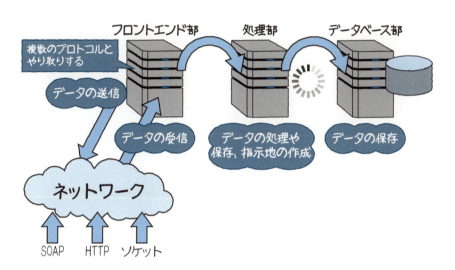

図2.3 IoTサービスの3つの役割

まずフロントエンド部は、受信サーバと送信サーバという2つの役割を持っています。受信サーバは、デバイスやゲートウェイから送られてきたデータを受信し、後続の処理部に受け渡します。送信サーバは、受信サーバとは逆で、処理サーバから受け取った内容をデバイスに対して送信します。

一般的にWebサービスのフロントエンド部では、HTTPプロトコルのみを受け付けるのが普通です。しかし、IoTサービスのフロントエンド部では、接続されるデバイスによってHTTPプロトコル以外のプロトコルに対応する必要があります。プロトコルもリアルタイム性や通信が軽量であること、サーバ起点でデータを送信できるものなど考慮する必要があります。これらのプロトコルについては2.2節であらためて説明します。

処理部では、フロントエンド部から受け取ったデータを処理します。ここでいう「処

理」とは、データを分解し、データの格納や、データの分析、デバイスへの通知内容の作成などを指します。データの処理については、一度データベースにデータを貯めてから一度に処理を行なうバッチ処理や、フロントエンド部から受信したデータを逐次処理していくストリーム処理などがあります。処理をしたい内容やデータの特性に合わせてこれらの処理をうまく利用していく必要があります。

　最後にデータベースです。データベースは、リレーショナルデータベースだけでなく、NoSQLのデータベースも活用していきます。これらについては格納したいデータや、利用したい方法に合わせて選択する必要があるでしょう。

2.2 データを集める

2.2.1 ゲートウェイの役割

　ここまで見てきたように、ゲートウェイは、インターネットに直接接続できないデバイスをインターネットに中継して接続するためのデバイスになります。もう少しかみくだいて説明すると、ゲートウェイは3つの機能から構成されています（図2.4）。

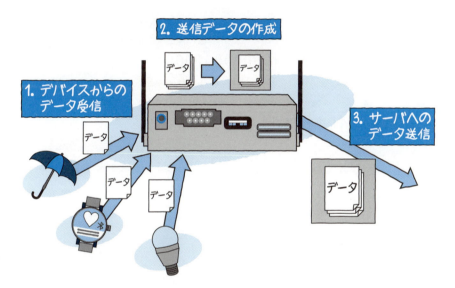

図2.4　ゲートウェイの役割

　それぞれ「デバイスとの接続機能」「データ処理機能」「サーバへの送信機能」です。実際にゲートウェイを使って運用を行なうには、この他に管理運用の機能などが必要となりますが、管理運用の機能は第5章であらためて取り上げます。
　ここでは、ゲートウェイの3つの機能を詳しく見ておきましょう。

◉デバイスとの接続

　デバイスとゲートウェイは、さまざまなインタフェースで接続されます。センサ端末の場合はセンサ側から一方的にデータを送信し続ける場合が多いです。デバイスに

よっては外部からデータ取得の要求があった場合にデータを送信するものがあります。その場合は、ゲートウェイからデータの要求を行なう必要があります。

●送信データの作成

デバイスから受信したデータをサーバへ送信できる形に変換します。デバイスからゲートウェイに対して送信されるデータは、バイナリデータやBCDコードと呼ばれる4桁の2進数を10進数の1桁に置き換えたデータで表記されることもあります（図2.5）。このようなデータをサーバへ直接送信せずに、ゲートウェイ側で数値データや文字列といった形に変換します。

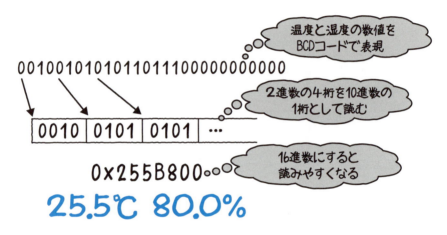

図2.5　BCDコード

個々のデバイスから送られてきたデータをそのまま送信せずに、複数のデータを1つにまとめて送信を行なう場合もあります。これには2つの理由があります。

1つは、送信するデータをまとめることでデータの付加情報を減らし、データ量を減らすためです。もう1つは、複数のデータを一度に送ることでIoTサービスへアクセスする負荷を低減させるためです。

●サーバへの送信

データをIoTサービスに送信します。データの送信間隔や送信するプロトコルをサーバ側に合わせる必要があります。また、IoTのサーバ側からメッセージを受け取るための機能を用意する必要もあります。

2.3 データを受信する

2.3.1 受信サーバの役割

受信サーバはその名の通り、デバイスから送られてくるデータを受信することが目的です。デバイスとシステムの間を取り持つ役割を持っています。デバイスがサーバに対してデータを送信する方法は複数あります。代表的なものとしては、

- 通常のWebシステムのようにHTTPプロトコルを利用したWeb APIを用意して、デバイスにアクセスしてもらう
- WebSocketやWebRTCのように音声や動画などのリアルタイム通信を行なう

という方法があるほか、新たにMQTTといったIoTに特化した通信プロトコルも登場しています。

本章では代表的なプロトコルとして、HTTPプロトコル、WebSocket、MQTTについて説明していきます。

2.3.2 HTTPプロトコル

HTTPプロトコルは、最もポピュラーかつ簡易な方法を提供してくれます。受信サーバは、一般的なWebフレームワークを利用して作ることができます。デバイスはサーバに対してHTTPのGETメソッドやPOSTメソッドでアクセスを行ない、リクエストパラメータやBODYにデータを格納してデータを送信します（図2.6）。

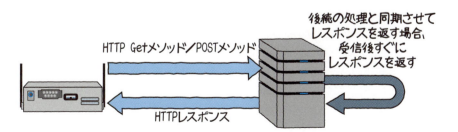

図2.6　HTTPプロトコルによるデータ送受信

もちろんHTTPプロトコルは、Webの標準的なプロトコルです。そのため、HTTPプロトコルを使うことは、Webとの親和性がとても高くなります。また、非常に多くのノウハウがあるため、サーバの構成やアプリケーションのアーキテクチャ、セキュリティなど実際のシステムを作るうえで検討しなければならないことに対して、参考になる事例が多くあります。さらに、OSSのフレームワークなども用意されており、利用しやすいという利点があります。

COLUMN
REST API

　デバイスはIoTサービスにどのようにアクセスすればいいでしょうか。HTTPプロトコルでアクセスする場合でも、HTTPのGETとPOSTどちらでアクセスすべきでしょうか。このような問題はIoTのみならず、一般のWebサービスで公開されているAPIにおいても十分に考慮すべき問題です。

　Webサービスの世界にはRESTfulと呼ばれる考え方があります。RESTは、特定のURLにパラメータを指定してアクセスを行ない、そのレスポンスとして結果を取得する形式のインタフェースです。1つのURLに対して、複数のHTTPメソッドでアクセスを行ないます。こうすることで、データの取得や登録を1つのURLに対して行なえます。そのため、URLの役割がわかりやすくなります。

　たとえば「/sensor/temperature」にGETメソッドでアクセスすると温度センサの値が取得できます。POSTメソッドでセンサデータとともにアクセスを行ない、新しいセンサのデータを追加します。

　もし、RESTfulではない方法で同じ機能を実現するためには、過去のデータを取得するURLとデータを追加するためのURLを作成し、それぞれにGETでアクセスするのか、POSTでアクセスするのかを決める必要があります。RESTfulな考え方でURLの設計をシンプルに保てます。ぜひ一度RESTfulな考え方を検討してください。

2.3.3 WebSocket

　WebSocketは、インターネット上でソケット通信を実現するための通信プロトコルです。WebブラウザとWebサーバの間でデータを双方向、連続的に送受信することが可能となります。

　HTTPプロトコルでは、データを送信するたびにデータを送る通信経路、コネクションを作成しなければなりません。また、基本的にはクライアント側からの要求がなければ通信ができません。

　対してWebSocketでは、最初にクライアントからのコネクション確立の要求により、コネクションが確立されていれば、そのまま1つのコネクションでデータの送受信を続けることが可能です。また、コネクションが確立されている限り、クライアントの要求なしに、サーバ側からクライアントにデータを送信できます（図2.7）。

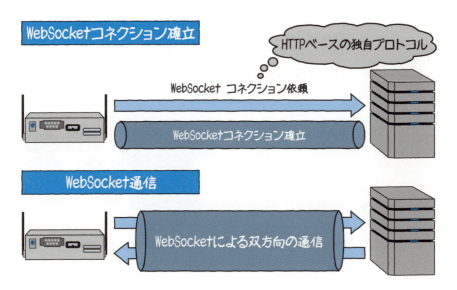

図2.7　WebSocketプロトコルによるデータ送受信

　そのため、WebSocketは音声データなど連続したデータを送信したい場合やサーバとの相互のやり取りが発生する場合に利用できます。WebSocket自身はサーバとクライアントのデータのやり取りだけを提供するため、アプリケーションレベルでのプロトコルを別途決める必要があります。

2.3.4 MQTT

MQTT（MQ Telemetry Transport）は、近年出てきた新しいプロトコルです。IoTの世界では標準的なプロトコルにする取り組みも出てきています。元々はIBM社が提唱していたプロトコルですが、現在はオープンソースとなって開発が進んでいます。

MQTTはパブリッシュ／サブスクライブ型と呼ばれる1対多の通信が可能なプロトコルです。3つの役割からなっており、それぞれブローカー（Broker）、パブリッシャー（Publisher）、サブスクライバー（Subscriber）と呼びます（図2.8）。

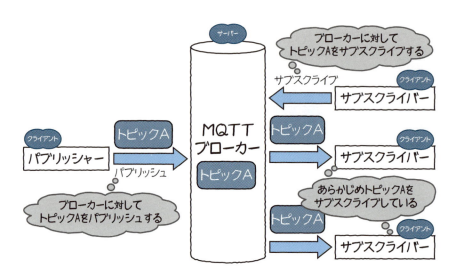

図2.8　MQTTによるメッセージ送受信

ブローカーはMQTTの通信を中継するサーバの役割を担っています。これに対してパブリッシャーとサブスクライバーには、クライアントの役割があります。パブリッシャーは、メッセージを送信するクライアントです。また、サブスクライバーはメッセージを受信するクライアントになります。MQTTでやり取りされるメッセージにはトピックと呼ばれるアドレスが付いており、各クライアントはこのトピックを宛先としてメッセージの送受信を行ないます。イメージとしては郵便の私書箱のようなイメージとなります。

MQTTの通信の仕組みをもう少し細かく見ていきます（図2.9）。まずブローカーは、各クライアントからの接続を待つ状態となっています。サブスクライバーは、ブローカーに対して接続を行ない、自分が購読したいトピック名を伝えます。これをサブスクライブと呼びます。

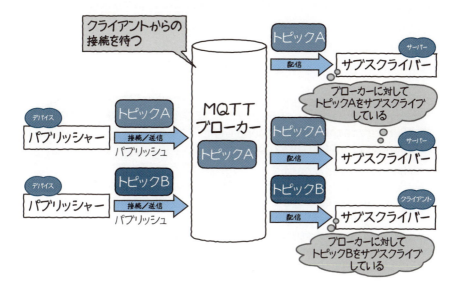

図2.9　MQTTの通信の仕組み

　次にパブリッシャーはブローカーに接続を行ない、トピックを宛先にメッセージを送信します。これをパブリッシュと呼びます。

　パブリッシャーがトピックをパブリッシュすると、パブリッシュされたトピックを購読しているサブスクライバーに対してブローカーからメッセージが配信されます。図2.9のように、トピックAをサブスクライブしている場合は、トピックAがパブリッシュされた場合のみ、メッセージがブローカーから配信されます。サブスクライバーとブローカーは、コネクションが常に確立状態となっています。また、パブリッシャーは、パブリッシュ時にコネクションを確立すれば良いですが、短期間にパブリッシュを繰り返す場合はコネクションを確立したままにします。ブローカーがメッセージを中継しているため、IPアドレスなどのネットワーク上の宛先をクライアント同士がお互いに知る必要がありません。

　また、1つのトピックに対して複数のクライアントがサブスクライブすることができるため、パブリッシャーとサブスクライバーは1対多の関係となります。デバイス

とサーバ間の通信において、デバイス側がパブリッシャーで、サーバ側がサブスクライバーとなります。

トピックは階層構造を取っています。「#」と「+」という記号を使い、複数のトピックを指定できます。たとえば、図2.10のように、「#」記号を使い「/Sensor/temperature/#」とした場合、先頭が「/Sensor/temperature/」に該当するトピックすべてを指定できます。また、記号「+」を使い、「/Sensor/+/room1」とした場合、先頭が「/Sensor/」でトピックのお尻が「/room1」に該当するトピックを指定できます。

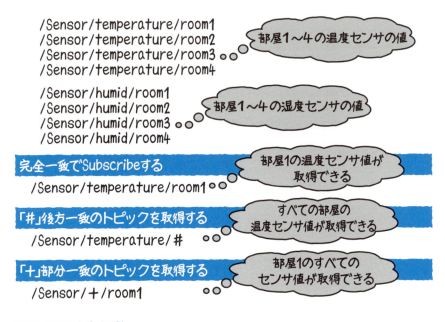

図2.10　MQTTのトピックの例

このように、ブローカーを介したパブリッシュ／サブスクライブ型の通信により、MQTTはIoTサービスが複数のデバイスと通信することをサポートできます。また、MQTTは軽量なプロトコルを実現しています。そのため、ネットワークの帯域が狭く、信頼性が低い環境でも動作できます。また、メッセージサイズやプロトコルの仕組みが簡単なため、デバイスなどのCPUやメモリなどのハードウェアリソースが限られている環境でも動作可能です。まさにIoTにうってつけなプロトコルといえます。この他にもMQTTには特徴的な仕組みがあります。次にそれぞれについて説明していきます。

◉QoS

　QoSは、Quality of Serviceの略です。ネットワーク分野では通信回線の品質保証を表わす言葉です。MQTTにおけるQoSは3つのレベルが存在します。「パブリッシャーとブローカー間」と「ブローカーとサブスクライバー間」それぞれでQoSのレベルを定義し、非同期で動作します。また、「パブリッシャーとブローカー間」でやり取りされているQoSよりも「ブローカーとサブスクライバー間」が小さいQoSを指定した場合、「ブローカーとサブスクライバー間」のQoSは指定されたQoSへダウングレードされます。「QoS 0」は最高1回（At most once）の送信です（図2.11）。「QoS 0」は、TCP/IP通信のベストエフォートに従って送信されます。メッセージは、ブローカーに対して1回到着するか、到着しない場合のどちらかとなります。

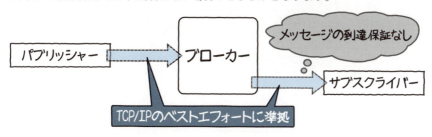

図2.11　QoS 0（At most once）

　次に、「QoS 1」は最低1回（At least once）の送信となります（図2.12）。
　ブローカーは、メッセージを受信するとパブリッシャーに対してPUBACKメッセージという応答を送信します。また、サブスクライバーから指定されたQoSに従いメッセージを送信します。パブリッシャーは障害の発生や、一定時間の経過後にPUBACKメッセージが確認できない場合、メッセージの再送を行なうことができます。もし、ブローカーがパブリッシャーからのメッセージを受け取った状態でPUBACKを返していなければ、ブローカーは二重にメッセージを受信します。
　最後に、「QoS 2」は正確に1回（Exactly once）の送信になります。「QoS 1」の送信に加えて、重複したメッセージが送信されないようにします（図2.13）。「QoS 2」で送信されるメッセージにはメッセージIDが含まれています。メッセージの受信後、ブローカーはメッセージを保存します。その後、PUBRECメッセージをパブリッシャーに送信します。パブリッシャーはPUBRELメッセージをブローカーに送信します。その後、ブローカーはパブリッシャーにPUBCOMPメッセージを送信します。また、ブローカーは受信したメッセージをサブスクライバーから指定されたQoSに従い配信します。

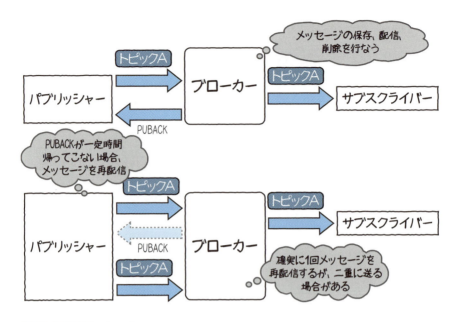

図2.12　QoS 1 (At least once)

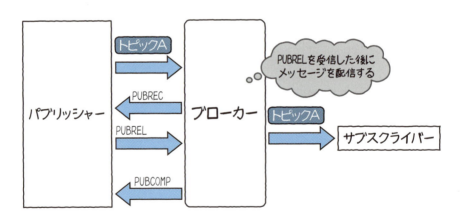

図2.13　QoS 2 (Exactly once)

なお、「QoS 2」では利用するブローカーによってメッセージの配信タイミングに違いがあることがあります。

QoSは通常0を使い、確実に送信したいメッセージのみ「QoS 1」や「QoS 2」を利用することでネットワークの負荷をより少なくすることができます。また、後ほど説明するClean sessionにおいても、このQoSの設定が重要となります。

◉Retain

サブスクライバーは、サブスクライブ後に、パブリッシュされたメッセージしか受信できません。しかし、パブリッシャーがあらかじめRetainフラグ付きのメッセージをパブリッシュしている場合、サブスクライブ直後にメッセージを受信できます。

パブリッシャーがRetainフラグ付きのメッセージをパブリッシュした場合に、ブローカーはトピックをサブスクライブしているサブスクライバーにメッセージを配信します。それと同時に、Retainフラグの付いた最新のメッセージを保存しておきます。ここで別のサブスクライバーがトピックをサブスクライブした場合、Retainフラグの付いた新しいメッセージをすぐに受信できます（図2.14）。

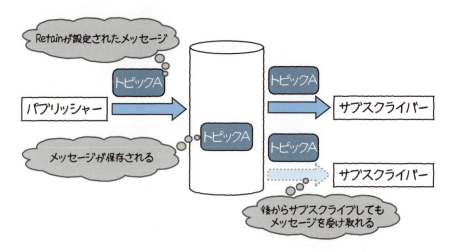

図2.14　Retain

◉Will

Willは、遺言という意味があります。ブローカーのI/Oエラーやネットワーク障害などにより、予期せずパブリッシャーがブローカーから切断される場合があります。Willはこういった場合にブローカーがサブスクライバーに送信するメッセージを定義する仕組みです（図2.15）。

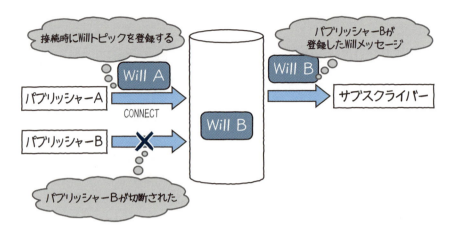

図2.15 Will

パブリッシャーはブローカーに接続するCONNECTメッセージにWillフラグと送信するメッセージ、QoSを指定して接続します。こうすることで、予期せぬ切断が発生した場合にサブスクライバーへWillメッセージが配信されることとなります。また、Will Retainフラグと呼ばれるフラグがあります。これを指定することで、先に説明したRetain同様に、ブローカー側でメッセージを保存することが可能です。

Willメッセージは、パブリッシャーがDISCONNECTメッセージを使い明示的に切断された場合は送信されません。

◉Clean session

サブスクライバーのサブスクライブした状態をブローカーが保持するかどうかを指定します。サブスクライバーがCONNECTメッセージで接続時にClean sessionフラグに「0/1」を設定します。「0」がセッション保持、「1」はセッションを保持しない状態です。

Clean sessionが「0」に指定してサブスクライバーが接続してきた場合は、ブローカーはサブスクライバーが切断後にサブスクライブの情報を保持しておく必要があります。また、サブスクライバーが切断している状態で、サブスクライブしているトピックに「QoS 1」「QoS 2」のメッセージがパブリッシュされた場合、メッセージを保存して、再度サブスクライバーが接続されたときに、配信します。（図2.16）

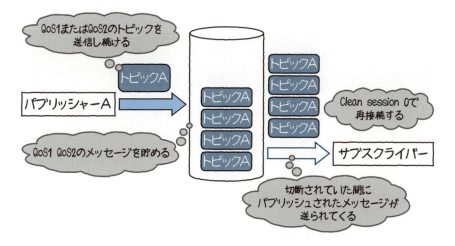

図2.16　Clean session

　Clean sessionが「1」に指定されて接続された場合、ブローカーは保持していたクライアントの情報を破棄します。クリーンな接続として扱います。また、サブスクライバーが切断される場合もすべての情報を破棄します。
　MQTTの実装には、表2.1に示すように複数の製品が利用できます。これらのブローカーの種類によって紹介した機能のサポート状況が変わってきます。

表2.1　MQTTの実装

実装	QoS	Retain	Will	Clean session	その他
ActiveMQ5.10.0（プラグイン対応）	0、1、2	対応済み	非対応	非対応	トピックの指定方法が独自
Apolo 1.7	0、1、2	対応済み	対応済み	対応済み	ー
mosquitto 1.3.5	0、1、2	対応済み	対応済み	対応済み	ー
RabitoMQ 3.4.3（プラグイン対応）	0と1のみ	非対応	対応済み	対応済み	ー

　また、パブリッシャーとサブスクライバーなどのクライアント機能については、Pahoと呼ばれるライブラリが公開されています。Pahoは、JavaやJavaScript、Pythonだけでなく、C/C++も用意されています。そのため、デバイスに組み込んで利用することもできます。

2.3.5 データフォーマット

ここまではデータを受信するための通信手順であるプロトコルを中心に解説してきました。実際にはこのプロトコルにデータを乗せてやり取りを行ないます。もちろん、これまで説明したように、IoTの世界でもそれは変わりません。このプロトコルに乗せるデータのフォーマットもまた重要になります。Webのプロトコルに乗せて利用するデータフォーマットの代表としてXMLとJSONがあります（図2.17）。

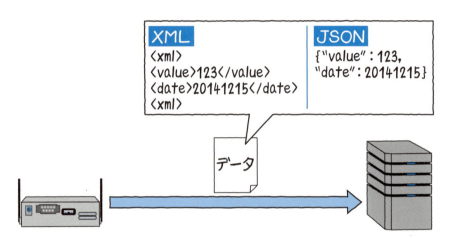

図2.17 代表的なフォーマット

IoTといった観点でみた場合もXMLとJSONを便利に利用することができます。たとえば、デバイスからセンサの値が送られてくることを想定します。このとき、デバイスは単にセンサの値を送信するだけではありません。データを受信した時刻や、デバイスの機器の情報、ユーザの情報などを合わせて送信することになります。また、複数のセンサの値や機器の状態を通知することになるでしょう。こうなってくると、デバイスから送られてくるデータをうまく構造化してあげる必要があります。

図2.18は、2つのセンサ情報とデバイスのステータス、データを取得した時間、送信デバイス名などをXMLとJSONそれぞれで表現した例です。

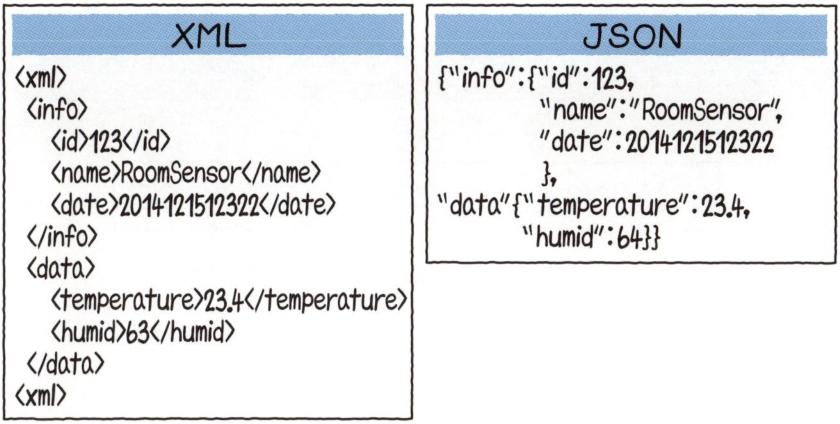

```
XML
<xml>
 <info>
   <id>123</id>
   <name>RoomSensor</name>
   <date>20141215122322</date>
 </info>
 <data>
   <temperature>23.4</temperature>
   <humid>63</humid>
 </data>
</xml>
```

```
JSON
{"info":{"id":123,
         "name":"RoomSensor",
         "date":20141215122322
        },
 "data"{"temperature":23.4,
        "humid":64}}
```

図2.18 センサ情報の表現例(XMLとJSON)

　両者を比べてみると、XMLはJSONに比べて人間が読みやすい形式となっています。しかし、XMLは文字数が多く、データ量としては多くなってきます。これに対して、JSONはXMLよりも文字数が少なくデータ量が小さいです。

　XMLとJSONは、どちらもプログラムから簡単に利用できるライブラリが各言語で実装されています。どちらのデータフォーマットを利用するのが良いか、一概には言えませんが、モバイル回線など低速な回線で通信をする場合はデータ量の少ないJSONのほうが適しているでしょう。

　デバイスから送られてくるデータはWebとは違い、センサや画像、音声といった数値データが多くなります。このようなデータは、テキストよりもバイナリとして取り扱うほうが好ましいです。しかし、これまで紹介したXMLやJSONは、データをテキスト形式として取り扱います。

　これらのフォーマットをIoTサービス上で取り扱う場合は、テキストデータから数値データやバイナリデータへと変換します。そのため、XML、JSONフォーマットの分解(パース)と分解された値をテキスト形式からバイナリ形式へと変換する作業が行なわれます。そのため、2段階の処理を行なうこととなります。

　もし、受信するデータをバイナリ形式のまま受信できれば、より素早くデータを処理できるでしょう。そこで、考え出されたのがMessagePackと呼ばれるデータフォーマットです(図2.19)。

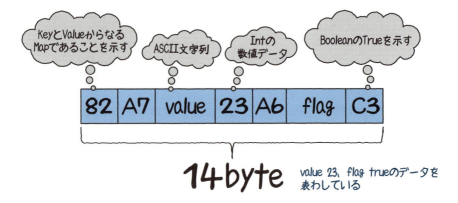

図2.19　MessagePackを利用したセンサデータの表現例とJSONとの比較

　MessagePackは、JSONに似たデータフォーマットを持ちながら、そのデータはバイナリ形式のままとなります。そのため、人間が直接読むには適していませんが、コンピュータで処理を行ないやすいデータ形式となっています。
　また、バイナリのままデータを送信するため、テキスト形式で送信するJSONに比べてよりコンパクトなデータサイズとなっています。MessagePackもXMLやJSONと同様、多くのプログラミング言語向けにライブラリが提供されています。また、近年では複数のOSS（オープンソースソフトウェア）で採用されている実績があります。
　一概にどのフォーマットが良いとはいえませんが、データフォーマットは送信するデータの特性に合わせて、目的に応じたものを選択してください。

COLUMN
画像や音声、動画のデータの取り扱い

　「センサデータ、テキストデータ」と「画像や音声、動画」のデータフォーマットには、大きな違いがあります。画像や音声、動画は、データ1つのサイズがセンサデータに比べて圧倒的に巨大なサイズになります。また、データ形式が文字列に変換しにくいバイナリデータとなるため、ここまで紹介したXMLやJSON形式で扱いにくくなります。

　HTTPで画像データを送信する場合は、撮影時刻やデバイスの情報はXMLやJSON形式で記述して、画像データは「multi-partフォームデータ」形式で送信できます。しかし、音声や動画の場合は、時系列に連続したデータとなります。そのため、データを送信する場合は、さらに工夫が必要です。

　たとえば、音声、動画は、細かく分割したファイルで送信する必要があります。HTTPプロトコルでこれを行なう場合は、細切れのデータが送られてくるたびにセッションが作成されます。そのため、WebSocketなどを有効に活用することで、IoTサービスへの負荷を減らすことができるでしょう。その場合は、MessagePackを利用したり、バイナリデータを扱う独自のフォーマットを定義したりする必要があるかもしれません。あるいは、IoTサービスで音声やデータ分析を行なうことを前提とし、データをすべて送信するのではなく、分析に利用する特徴のみをデバイス側で抽出して送信する、という工夫もできるかもしれません。音声や動画を使ったサービスを考えている場合は、本コラムで挙げた観点にも気をつけてください。

2.4 データを処理する

2.4.1 処理サーバの役割

　処理サーバはその名の通り、受信したデータを処理するところです。「処理」は抽象的な言葉ですが、たとえばデータの保存やデータを見やすいように変換する、複数のセンサのデータから新しいデータを発見する、といった処理があります。処理サーバは目的に応じてその内容はさまざまです。しかしデータの処理方法に関しては次の4つに集約できます（図2.20）。それぞれデータの分析、データの加工、データの保存、そしてデバイスへの指令となります。

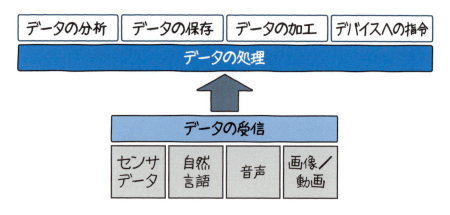

図2.20　データの処理

　データの分析や加工については、処理の方式として「バッチ処理」と「ストリーム処理」と呼ばれる代表的な2つの方法があります。まずは、この「バッチ処理」と「ストリーム処理」について説明していきましょう。

2.4.2 バッチ処理

　バッチ処理は、貯めたデータを一定間隔で処理するデータの処理方法です。一般的にはデータを一度データベースなどに貯めておき、一定時間でデータベースからデータを取得し、処理を行ないます。バッチ処理は決められた時間内にすべてのデータを

処理することが重要です。そのため、データの件数が増えてくると処理を行なうマシンの性能が求められます。

第1章において、「今後デバイスの数は増えていく」と説明しました。膨大なデバイスから送られてくるセンサデータや画像などのサイズの大きいデータの処理が求められます。ビッグデータと呼ばれていますが、数テラ、数ペタといったデータを処理するためには分散処理基盤と呼ばれる基盤ソフトウェアを使うことで、効率的にデータを処理できます。分散処理基盤の代表的なソフトウェアとしてHadoopやSparkと呼ばれるものがあります。

◉Apache Hadoop

Apache Hadoopは、大規模データを分散処理するためのオープンソースフレームワークです。Hadoopは、MapReduceと呼ばれるデータを効率的に処理するための仕組みを持っています。MapReduceは分散環境で効率的にデータを処理するための仕組みです。基本的にはMap、Shuffle、Reduceの3つの処理から成り立っています（図2.21）。

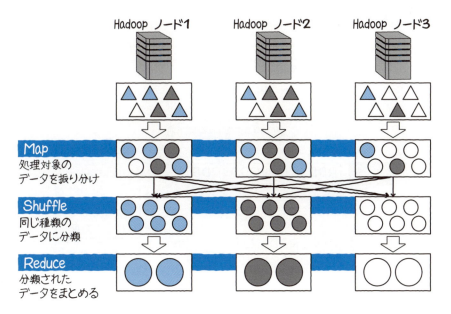

図2.21　Hadoop MapReduceによるバッチ処理

Hadoopは、ノードと呼ばれるサーバごとにMapReduceを行ない、結果を統合します。まず、各サーバに処理の対象となるデータを振り分けます。最初に行なわれるのがMapです。Mapでは、個々のデータに対して同じ処理を繰り返していきます。Mapで変更が加えられたデータは次のShuffleと呼ばれる処理に送られます。Shuffleでは、Hadoopのノード間をまたがって同じ種類のデータに分類します。最後にReduceでは、分類されたデータをまとめ上げます。

　つまりMapReduceは、コインを集めて、種類ごとに分類して数え上げていく方法に近い考え方です。Hadoopで処理を行なう場合は、処理の内容をMapReduceで実現できるように工夫する必要があります。

　また、Hadoopは分散環境で動作するため分散ファイルシステム（HDFS）という仕組みを持っています。HDFSは、複数のディスクにデータを分割して格納します。データを読み出す際は、複数のディスクから分割されたデータを同時に読み出しを行ないます。そのため、1台のディスクから巨大なファイルを読み出すよりも高速に読み出しを行なうことができます。以上のようにHadoopは、MapReduceとHDFSという2つの仕組みを使って巨大なデータを高速に処理していくことが可能となります。

◉Apache Spark

　Apache SparkもHadoopと同じく、大規模データを分散処理するためのオープンソースフレームワークです。Sparkでは、処理を行なうデータをRDD（Resilient Distributed Dataset）と呼ばれるデータ構造で扱います（図2.22）。

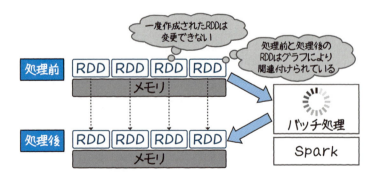

図2.22　Sparkによるバッチ処理

RDDは、データをメモリ上に持ち、ディスクアクセスをせずともデータを処理できます。さらに、RDDで利用しているメモリは書き込みができないため、処理の結果を新しいメモリ上に展開しておきます。そのメモリ間の関係を保持することで、再計算の場合でも最初から計算するのではなく、必要な時点から計算できます。これらの要因からSparkは機械学習など1つのデータに対して繰り返し処理を行なう場合に非常に高速に動作することが可能です。

IoTでは、センサデータや音声／画像といった比較的大きいサイズのデータが送られてきます。バッチ処理では、これらのデータを貯めて、その日のデバイスの利用傾向を導き出す、画像処理で撮影した画像から環境の変化を調べるといったことができます。デバイスの増加に従い、今後このようなデータはますます増えてくるでしょう。そのため、バッチ処理においてもここで紹介した分散処理基盤を利用することが重要となります。

2.4.3 ストリーム処理

バッチ処理は、一度データを溜め込んで、一気に処理を行なう方法でした。それに対してストリーム処理はデータを保存せずに、処理サーバに到着したデータから逐次的に処理していきます。

ストリーム処理は、与えられたデータに対してリアルタイムに反応を返したい場合に有効な処理方法です。バッチ処理では、一度データを貯めてから、一定の間隔で処理を行なうため、データが到着してから処理が完了するまでタイムラグが発生してしまいます。そこで、到着したデータを逐次的に処理していくストリーム処理という考え方が重要となります。また、ストリーム処理は、基本的にはデータを保存するということをしません。一度利用してしまえば保存の必要がないデータであればそのまま捨ててしまいます。

たとえば、街中を走行している車から現在の位置とその車のワイパーの動作状況が送られてくるシステムを考えてみましょう。

ワイパーが動作している車の現在位置のみを集めることで雨の降っている地域をリアルタイムで特定できます。このとき、過去に雨の降っていた地域などを保存することを考えるかもしれませんが、処理の結果のみを保存すればいいので、もとのセンサデータは捨ててしまってもかまいません。そのため、ストリーム処理が向いています。ストリーム処理を実現するためには、ストリーム処理基盤を利用するのが良いでしょう。

バッチ処理と同じようにストリーム処理にもフレームワークが用意されています。

ここではApache SparkとApache Stormについて紹介しましょう。

◉Spark Streaming

　Spark Streamingは、バッチ処理で紹介したApache Sparkのライブラリとして公開されています。Spark Streamingを利用することで、Apache Sparkをストリーム処理に利用できます（図2.23）。

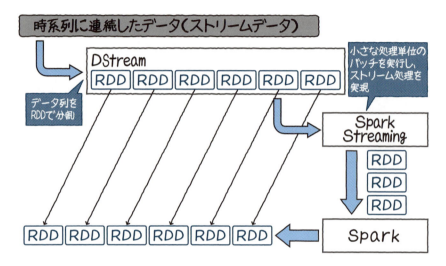

図2.23　Spark Streamingによるストリーム処理

　Spark Streamingでは、データ列をRDDで分割します。分割されたデータに対して小さな処理単位のバッチを実行することで、ストリーム処理を実現します。入力されたデータをDStreamと呼ばれる細かなRDDの連なりに変換していきます。1つのRDDに対してSparkのバッチ処理を実行し、別のRDDに変換します。この処理をすべてのRDDに順番に繰り返すことで、ストリーム処理を実現しています。

◉Apache Storm

　Apache Stormは、ストリーム処理を実現するためのフレームワークです。図2.24にStormの構成を図示します。

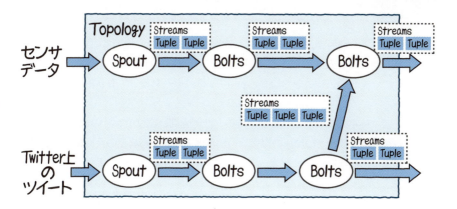

図2.24　Apache Stormの構成

　Stormで処理するデータは、Tupleと呼ばれています。このTupleのフローをStreamsと呼びます。

　Stormの処理は、SpoutとBoltsという2つの処理から構成されています。この構成をTopologyと呼びます。Stormの処理の開始は、Spoutが他の処理からのデータを受け取るところからはじまります。Spoutは、受け取ったデータをTupleに分割し、Topologyに流すことでStreamsを生成します。ストリーム処理の入り口になっています。次にBoltsは、Spoutや他のBoltsから出力されたStreamsを受け取ります。受け取ったStreamsをTupleの単位で処理し、新たなStreamsとして出力します。Bolts間のつながりは、自由に構成できます。Topologyは、実行したい処理に応じて自由に構成できます。また、Tupleに利用するデータの型も自由に決めることができ、JSONなどを利用できます。

2.5 データを貯める

2.5.1 データベースの役割

データベースの役割は、データを保存し活用しやすくすることです（図2.25）。また、指定された条件に合致するデータを保存したデータから探し出すこともその役割です。さらに、複数のデータをつなぎ合わせて1つのデータとして取り出すことができます。

たとえば、特定のセンサとひもづいたIDと計測時間、温度センサの値があります。このデータだけでは、どの部屋の温度なのか理解できません。そのためにはセンサのIDと、部屋の名前がひもづいたデータが必要です。この2つのデータがそろってはじめて、○○の部屋の温度を知ることができます。

図2.25は、リレーショナルデータベース（RDB）と呼ばれるデータベースの例になります。最近はRDB以外にNoSQLと呼ばれる種類のデータベースも出てきています。

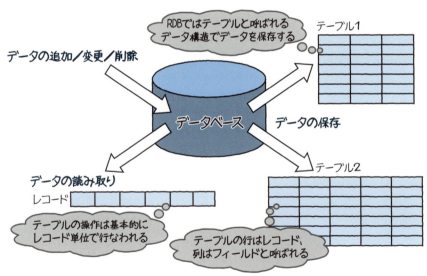

図2.25　データベースの役割

RDBは、SQLと呼ばれるデータベースの操作専用の言語を用いてデータの保存や取り出しを行ないます。これに対してNoSQLは、SQL以外のさまざまな方法でデータベースを操作します。本書では、さらにキーバリューストア（KVS）、ドキュメント指向データベースという種類のデータベースも紹介します。

2.5.2 データベースの種類と特徴

ここでは、データベースの種類や特徴について、IoTサービスを実現するときにデバイスのデータを扱う場合のポイントも含めて説明していきます。

◉リレーショナルデータベース（RDB）

リレーショナルデータベースは、最も一般的に使われているデータベースです。図2.25で示したように、テーブルと呼ばれるデータベースを格納する表形式のデータ構造を持ち、これに対してSQLと呼ばれる言語を用いてデータの取り出しや挿入、削除を行ないます。

SQLは、非常に強力な言語です。複数のテーブルと連携させ、目的の条件に合うデータを探す命令が簡潔に記述できます。また、さまざまなプログラミング言語から利用可能です。しかし、テーブルは一度決めるとその構造を変更することは困難です。そのため、デバイスから送られてくるデータの性質をよく考えて構造を決める必要があります。

たとえば、センサやデバイスが増えて保存しなければならないデータが増えた場合、図2.26のようなテーブル構成にしていると、新しいデータを追加することが難しくなります。

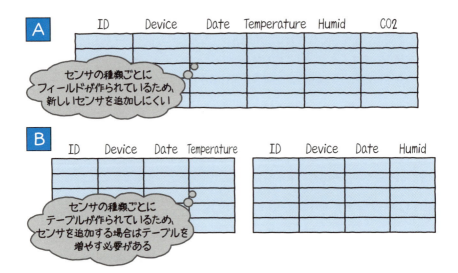

図2.26　RDBのテーブル構成の例

　Aの表の場合は、テーブルの項目を変更しなければなりません。また、Bの表の場合は、テーブル自体の変更は必要ありません。しかし、新しいテーブルを作る必要があります。

　そこで、図2.27のようにすべてのセンサデータを同じフィールドに挿入できる構造にします。この構造では、新しいセンサデータが来た場合もテーブル構造の変更や新しいテーブルの追加が必要ありません。しかし、センサデータの型はすべて統一する必要があります。また、1つのテーブルに大量のデータが登録されることとなります。この場合、テーブルから必要なデータを検索するのに時間がかかる場合があります。これを解消するために、データベースにはインデックスと呼ばれる仕組みがあります。

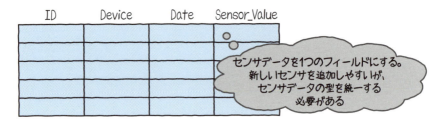

図2.27　センサ情報を保存するテーブル構成例

以上に挙げたテーブルの構成は一例です。テーブルの構成は一概にどの方法が良いとはいえません。どういったデータが登録されるのか、将来的にどれだけデータがたまるのかを考えて決める必要があります。

リレーショナルデータベースは、画像や音声といったバイナリ形式のデータの保存も得意ではありません。BLOB（Binary Large Object）と呼ばれるデータ形式で保存することは可能ですが、用途によっては画像はファイルとしてそのまま保存し、そのパスのみRDBに保存するといった工夫が必要です（図2.28）。

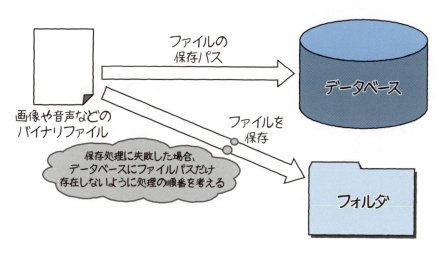

図2.28　RDBで画像や音声を扱う場合

データベースはデータをハードディスクに保存します。そのため、ハードディスクへのアクセス（ディスクI/O）が多く発生します。そのため、他の処理より比較的遅い処理となります。システムの中で処理速度のボトルネックとなりやすい箇所の1つです。紹介した内容以外にも気をつける点はありますが、より理解を深めて活用してください。

●キーバリューストア（KVS）

キーバリューストアは、NoSQLと呼ばれるデータベースの種類です。NoSQLとはSQLを利用しないデータベースの総称となっています。キーバリューストアは、バリューというデータの値とバリューを一意に特定できるキーのセットで保存されます。

また、キーバリューストアは、データがメモリに保存される種類とハードディスクに保存される種類があります。メモリに保存する種類のキーバリューストアは、デー

タの保存を高速に実行することができます。その一方で、メモリ上にデータを置いているため、ソフトウェアが停止した場合、保存していた内容は失われてしまいます。キャッシュとして利用することが望ましいです。

　ハードディスクに保存する種類のキーバリューストアでは、前者の種類ほど高速に保存できませんが、ソフトウェアが停止してもデータが失われることはありません。

　Redisと呼ばれるキーバリューストアは、この両方の性質を持っており、通常はメモリ上にデータを格納していきますが、任意のタイミングでハードディスクにデータを保存できます。そのため、高速に保存を行なうことができるうえに、データを永続的に保存させることができます。

●ドキュメント指向データベース

　ドキュメント指向データベースもキーバリューストア同様、NoSQLと呼ばれる種類のデータベースです。XMLやJSONといった構造化されたドキュメントの形式でデータを保存することができます。特に近年は、JSON形式のデータを保存するMongoDBが人気です（図2.29）。

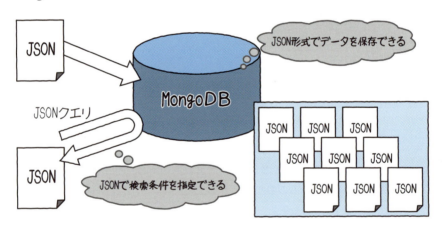

図2.29　ドキュメント指向データベースMongoDB

　MongoDBは、JSONデータを直接保存できます。また、JSONの値で検索ができます。そのため、センサの情報をJSONでやり取りする場合は、そのまま保存を行ない、活用することが可能です。新しいデータ項目や、デバイスの数が増えたとしても送られてくるJSONをそのまま保存できるため、RDBのようにテーブルの構成の検討などに気をつける必要がありません。デバイスの数やデータの種類などが読めない、センサなどのデータを貯めるには扱いやすいです。

2.6 デバイスをコントロールする

2.6.1 送信サーバの役割

　送信サーバは、デバイスに対してデータを送信してデバイスをコントロールすることが目的となります。送信サーバでは、2.3節で紹介したHTTP/WebSocket/MQTTプロトコルやデータフォーマットが利用できます。

　送信サーバの動作は、1.3.3項で紹介したデバイスからの要求でデータを送信する同期通信と、送信サーバが任意のタイミングでデータを送信する非同期通信の2つの方法があります。HTTP/WebSocket/MQTTプロトコルを使い、同期、非同期をどのように実現していくかを見ていきましょう。

2.6.2 HTTPを利用したデータの送信

　HTTPでデータ送信を実現するうえで最も簡単な方法となります。この方法では、送信サーバはHTTPリクエストを待ち受けるWebサーバとなります。このサーバに対してデバイスはデータの送信要求を行ない、そのレスポンスとしてデータをサーバから受け取ります（図2.30）。

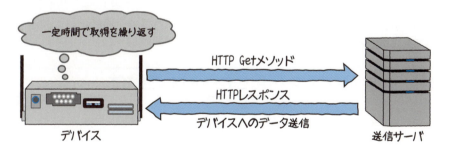

図2.30　HTTPによるデータ送信

　定期的にデバイスからポーリング接続を行なうなどの工夫が必要となります。この方法を採る理由は、主に次の2つです。

1つは、デバイスにグローバルIPアドレスが設定できないなど、アドレスが一意に特定できない場合です。このとき、送信サーバは、データを送信すべきデバイスのアドレスを知ることができません。

もう1つは、電源が頻繁に切れるデバイスやモバイル回線の通信料を気にしている場合です。このような場合、デバイスは常にネットワークにつながっていません。また、デバイスが接続されていたとしてもデバイスが常にネットワークにつながっていない場合、送信サーバがデータを送信してもデバイスに送信できません（図2.31）。

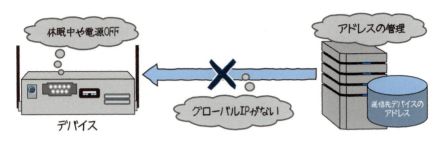

図2.31　サーバ側からのデータ送信が困難な状態

2.6.3　WebSocketを利用したデータの送信

WebSocketを利用した場合、デバイス側から送信サーバに接続を行ない、WebSocketのコネクション（接続）を確立します。一度WebSocketの接続を確立してしまえば、送信サーバからのデータ送信に加えて、クライアント側からのデータを送信できます。

2.6.4　MQTTを利用したデータの送信

これまで紹介したHTTPとWebSocketについては、すべてデバイス側から送信サーバにアクセスする方法を紹介しました。これらの方法では、クライアントから要求がない限り、データを送信できません。もちろん、デバイスにHTTPやWebSocketを立てて、サーバ側から接続していくことも可能です。しかし、デバイスの数が増えたときに、サーバがすべての接続先を管理することは非常に困難です。

そこで、MQTTを活用した、パブリッシュ／サブスクライブ型モデルの利点を生かした送信サーバを考えてみましょう。MQTTを利用した場合の送信サーバは、図2.32のようになります。

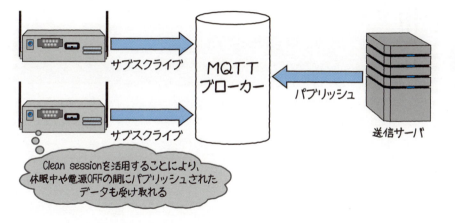

図2.32　MQTTによるデータ送信

　デバイスはサブスクライバーとなり、MQTTのブローカーに対してサブスクライブを行ないます。そして、送信サーバはパブリッシャーとなり、同じくブローカーに対してパブリッシュを行ないます。送信サーバは、決められたデータをトピックに乗せて送信すれば良いため、デバイスと送信サーバはお互いのアドレスを知る必要がありません。ブローカーのアドレスのみ知っていれば通信できます。サブスクライバーが切断された場合の通知や、再接続後の再送信などもブローカーが受け持ってくれます。

　MQTTの機能を活用することで送信サーバを構築しやすくできます。

COLUMN

事例～植物工場向け環境制御システム～

　ここで1つ事例を紹介します。近年、農業へのICT技術導入が盛んに行なわれています。特に生産工程においては、高齢化に伴う新たな就農者の確保や生産力向上のためにICT技術の活用が期待されています。従来、農家の手作業で行なわれていたビニールハウス内の温湿度計測や生育コントロールのための環境制御ですが、これを完全自動化して生産性を向上させようという取り組みがその1つです。

　温度、湿度、二酸化炭素、光量等を各種センサで計測／記録します（＝データの受信）。これにより、環境条件が数値化できます。併せて、計測した環境状況下で作物が実際にどのような品質に育ったかを記録します。これを繰り返していくと、ある作物の生育パターンが抽出できます（＝データ分析）。このようにして、整えるべき環境条件が明らかにできれば、育成中に環境をセンシングしたデータを設定した閾値と比較して（＝データの処理）空調を自動的に制御したり、二酸化炭素を自動的に注入したりすることができます（＝データの送信）。

　このような仕組みを構築することで、大規模化を可能としたり、法人の農業への新規参入を容易にしたりする取り組みが行なわれています。このような取り組みが進むと、将来的には「こういう品質の野菜を育てたい」と思ったら、ボタン1つ押せばあとは自動的に栽培され、数カ月後の収穫を待つのみ、という世界が訪れるかもしれません。

第 3 章

IoT デバイス

3.1 実世界とのインタフェースとしてのデバイス

3.1.1 なぜデバイスについて学ぶのか

　読者のみなさんはここまで2つの章にわたって、"Internet of Things = IoT"という言葉が表現する世界観と、それを実現するシステムのアーキテクチャについて学んできました。それをふまえたうえでこの章では、IoTの世界の中でその中心的な役割を担うデバイスに関する知識について紹介していきます。

　「なぜ自分がデバイスの仕組みを学ぶ必要があるのだろう？」と疑問に思う方もいるかもしれません。早速読み飛ばそうと思ったそこのあなた、少し待ってください。この章はこれまでデバイス開発に携わったことの無いみなさんにこそ読んでいただきたいのです。

　すべてのエンジニアがデバイスに関する理解を深める必要がある理由、それは「コネクティビティ」がデバイス開発にもたらしたある変化に関係しています。その変化について、まずは見ていきましょう。

3.1.2 コネクティビティがもたらす変化

　スマートフォンや携帯音楽プレーヤーなど、みなさんの身の回りのデバイスを見てみると、それらは高度にデザインされたハードウェアと、それをコントロールするソフトウェアとが組み合わさって成り立っていることがよくわかることでしょう。デバイス開発の本質は、これら2つの要素の協調を最大限引き出すことにほかなりません。

　ふだん、Webアプリケーション開発などに携わっているソフトウェアエンジニアのみなさんにとって、デバイス開発は少し敷居が高いように感じるかもしれません。自分がなんらかのデバイスを開発するということを考えるとき、以下のような危惧を持つ人もいるでしょう。

- ハードウェアに関する高度な知識が要求されるのでは？
- デバイス制御を行なうソフトウェアの開発には専門知識が必要なのでは？
- ハードウェアを開発するには特別な開発環境が必要なのでは？

結論をいってしまえばこれらの危惧はすべて正解です。多くの方がご存知のように、デバイス制御のためのソフトウェアは「組み込みソフトウェア」として明確にジャンルが定義されており、その開発には高度な専門性が求められます。IoTの世界においても、基本的にはその本質自体は変化することは無いでしょう。

　それでは、IoTによってなにが変わっていくのでしょうか。それをひも解くキーワードが「コネクティビティ」です。コネクティビティは、機器やシステム間の相互接続性や結合性を表現する言葉です。IoTデバイスは、ネットワークを介して外部システムと「つながる」ことを志向しており、以下のようなさまざまな技術革新によって、これまで想像もし得なかった種類のデバイスがコネクティビティを獲得するに至っています（図3.1）。

- ハードウェアの進化によってデバイスの小型化と高度化が進んだ
- 高速／高品質なネットワーク網を広域で容易に利用できる環境が整った

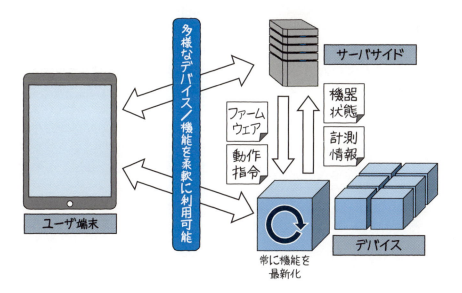

図3.1　コネクティビティがもたらすデバイスの変化

　コネクティビティを持たないデバイスの場合、当然ですが、それ単体で機能を実現するようにデザインされます。一度出荷してしまえば製品仕様の変更はできないため、長い時間とコストをかけて開発が行なわれます。

　一方、IoTデバイスの場合、デバイス自体は非常にシンプルな構成で作られ、クラ

ウドサービスやスマートフォンなどの外部機器と組み合わせた一体型サービスとして提供されていきます。この場合、デバイスを利用するアプリケーションは容易に更新が可能であり、製品のリリース後もユーザからのフィードバックを得ながらソフトウェア（デバイス自体のファームウェアも含む）の改良を重ねていくことが可能です。また、多数のデバイスの情報をクラウド上で統合／加工し、1つのアプリケーションをインタフェースとしてユーザに有益な情報を提供できます。

　ハードウェア開発自体のコスト競争が激化する中で、デバイス開発はデバイスそのものを高度化していくことはもちろん、それらを取り巻くサービス全体をエコシステムとして最適にデザインすることが重要となっています。その流れの中で、差別化のポイントも多角化していくことでしょう。デバイスからの情報を統合的に処理し、高度な分析をサービスとして提供するためのアルゴリズムや、連続的に変化するデバイスの状況をリアルタイムに反映可能なアプリケーションの構築など、IoTデバイス特有の差別化ポイントも出てくるに違いありません。

　このような要請に最大限応え、IoTデバイスを活用したサービスをシームレスに開発していくためには、デバイスそのもの、デバイスが接続されるクラウド側のシステム、それらを利用して提供されるアプリケーションなど各構成要素の開発に携わるエンジニアが1つのビジョンを共有しながら開発を行なうことが重要です。その過程では、高速化するソフトウェア開発にけん引されながら、従来のハードウェア開発では考えられなかったスピードでサービスを開発／提供していくことが求められていきます。これを実現するには、サービス開発者とデバイス開発者が相互の担当領域の仕様を正しく理解することが欠かせません（図3.2）。

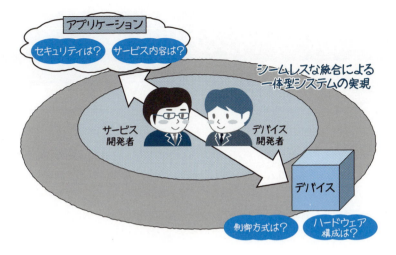

図3.2　IoTデバイス開発における相互理解の重要性

　この章では、IoTデバイスを用いたサービス開発におけるこれらの特性を鑑み、読者のみなさんがIoTデバイスとそれを用いたサービスを新規に開発していく場合に重要となるさまざまな勘所をつかめるよう、デバイスの仕組みについてポイントを絞って解説していきます。また、手軽にデバイスを組み上げながら製品／サービスの評価や検討を行なう「プロトタイピング」の手法についても紹介していきます。

3.2 IoTデバイスの構成要素

3.2.1 基本構成

　IoTデバイスにはさまざまな種類がありますが、図3.3に示すような構成が一般的です。一般的な機械製品と同様に、ユーザからの操作やデバイスの周囲の環境の変化を検出する入力デバイス、なんらかの情報を提示したり、環境に対して直接働きかけを行なう出力デバイス、デバイスの頭脳として機器制御を担うマイコンなどが含まれます。また、それらに加えて、ネットワークとの接続がIoTデバイスには欠かせません。以降でそれぞれの要素について概説していきます。

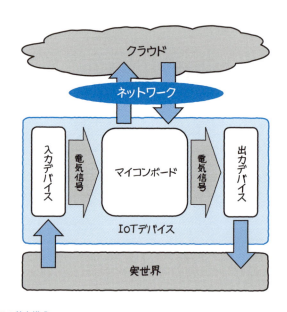

図3.3　IoTデバイスの基本構成

◉マイコン

マイコンはMicro Controllerの略で、機器制御を行なうIC（Integrated Circuit：集積回路）チップです。プログラムを書き込むことが可能で、記述した処理に従って、端子の状態を読み取ったり、接続された回路に対して特定の信号を出力させたりすることが可能です。

マイコンは、プログラムの格納や一時データの保存を行なうメモリ、演算処理や制御を行なうCPU、外部とのインタフェースやタイマーなどの必要機能を組み込んだ周辺回路によって構成されています（図3.4）。

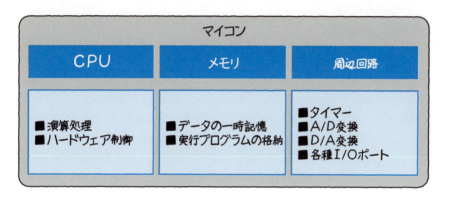

図3.4　マイコンの仕組み

実際にマイコンを使用するには、シリアルポートやUSBなどの各種インタフェースや電源回路等が必要となります。自分でデバイスを制作したい場合は、マイコンとともにこれらの要素が実装された「マイコンボード」と呼ばれる電子回路基板を使用することで、容易にハードウェア開発を行なうことが可能です。仕様は製品ごとにまちまちですが、基本的には図3.5のようなプロセスで開発を行ないます。

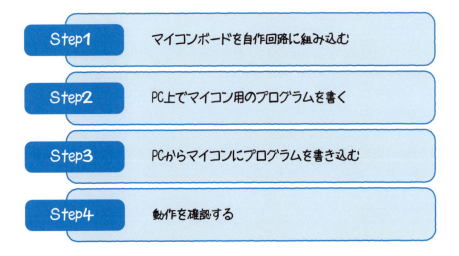

図3.5　マイコン開発のプロセス

　現在では、ほとんどの電気製品にマイコンが使われています。たとえば、冷蔵庫を想像してみてください（図3.6）。冷蔵庫の内部はある設定温度になるよう、制御されています。これは、マイコンの入力端子に接続された温度センサの状態を監視し、目標温度になるように冷却器を制御するプログラムがマイコンに書き込まれているためです。センサを利用して情報を計測／判別することを、センシングと呼びます。

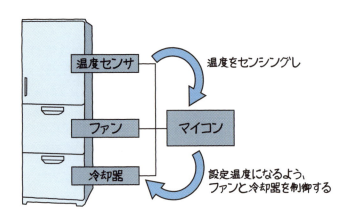

図3.6　マイコンの使用例（冷蔵庫）

IoTが話題になってきている背景には、マイコンボードの変化も関係しています。従来はマイコンボードをネットワークに接続するためには、各開発者が独自にインタフェースを実装する必要がありましたが、近年ではネットワークへの接続機能を外部接続モジュールとして提供しているタイプや、標準で実装しているタイプが増えてきており、開発したデバイスを容易にネットワークに接続することのできる環境が整いつつあります。このようなマイコンボードを利用すれば、ハードウェア開発の経験が無い方でもデバイス開発にチャレンジすることができます。

　マイコンボードの種類や使い方については次節で詳しく紹介していきます。

◉入力デバイス

　デバイスが周囲の状態やユーザの操作などの情報を取得するためには、センサやボタンなどの素子（電子部品）を機器に実装しなければいけません。

　たとえば、スマートフォンの場合、どのようなセンサが搭載されているでしょうか。タッチパネル、ボタン、カメラ、加速度センサ、照度センサなど、実に多くのセンシングデバイスが実装されていることに気づくでしょう（図3.7）。これらのセンサを使用することによって、より詳細かつきめ細やかに周囲の状況を把握することが可能です。逆にいえば、センサの種類や精度限界によって機器のパフォーマンスはある程度決まってしまうため、センサの選定はデバイス開発において非常に重要なフェーズです。

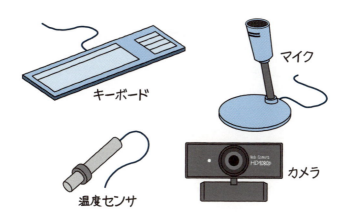

図3.7　各種入力デバイス

●出力デバイス

　IoTが目指すのは、単に状態をセンシングし、「見える化」するだけではありません。人間や環境に対して働きかけを行ない、目標の状態へ世界をコントロールすることこそが真の目的です。

　ディスプレイ、スピーカ、LEDなどの情報出力用のデバイスは、ユーザに対してなんらかの情報をフィードバックすることに役立ちます（図3.8）。先にも述べたように、小型かつシンプルに作ることが重要なIoTデバイスにおいて、これらをどのように配置し、ユーザに対して効果的に情報を伝達するかは設計段階における非常に重要な検討ポイントとなります。

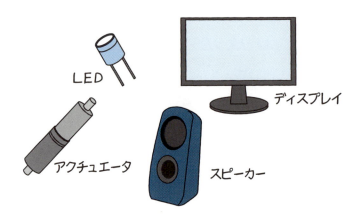

図3.8　各種出力デバイス

　また、アクチュエータをデバイスに実装し、物理的に環境に働きかけることもアプローチの1つです。アクチュエータとは、信号を入力することで制御可能な駆動装置の総称です。たとえば、サーボモータはその代表であり、入力する電気信号に応じて任意の角度にモータを動かすことができます。このアプローチはロボット技術と密接に関係しており、ネットワークと連動した「動く」デバイスは現在最も注目を集める分野の1つです（ロボットは第8章で扱います）。

　マイコンと接続した出力デバイスの制御方法については3.5節で解説していきます。

◉ネットワークとの接続

　IoTデバイスにおけるコネクティビティの重要性については、すでに説明したとおりです。IoTデバイスは、ネットワークを介してサーバと通信を行ない、センシングした情報を蓄積／分析したり、遠隔でデバイスをコントロールしたりします。そのために、デバイスにはネットワークと接続するためのインタフェースが必要です。

　ゲートウェイ機器とデバイスとの間の接続形式としては、有線接続と無線接続の2種類があり、それぞれに複数の方法が存在します。

　もし、作りたいデバイスが室内環境を監視するためのセンサ機器やカメラといった固定型の機器の場合、有線接続を採用することが可能です。配線の取り回しを考慮する必要がありますが、安定的に通信を行なうことが可能です。

　一方、作りたいデバイスがウェアラブル機器などのポータブル型のデバイスの場合、無線接続の採用を検討する必要があるでしょう。有線接続に比べてデバイスの活用範囲は拡大しますが、通信障害の原因となる障害物の影響や、バッテリの搭載も検討する必要があるでしょう。

　個々のデバイスの特性に応じて、接続形態は選択するべきです。接続形態の詳細については3.3節で詳しく紹介していきます。

3.2.2　マイコンボードの種類と選び方

◉マイコンボード選びの観点

　デバイス開発においてマイコンボードの選定は非常に重要な要素です。個々の開発環境や作りたいもの、経験等に応じて「適切」なマイコンは異なってくるものです。

　先ほども述べたように、マイコンはプログラムを書き込んで使うため、ハードウェアそのものは再利用が可能です。「作って試してみる」というプロトタイピングの用途でマイコンを購入する場合は、後々他のプロジェクトで流用できるよう、まずは汎用的な構成のものを購入するのをおすすめします。

　具体的な選定基準としては、表3.1のようなポイントが挙げられます。

表3.1 マイコンの選定基準

選定基準	詳細
製品仕様	インタフェース、メモリ、消費電力などをチェックする。複数の機器開発プロジェクトで使用する場合、I/Oポート（入出力端子）が多いもののほうが拡張しやすい
コスト	初学習者の場合、高価なものを購入する必要は無いが、初心者の場合はある程度汎用性の高いものを購入したほうが部品を買い足す手間が少なく、結果的に低コストで済むことが多い
サイズ	マイコンボードのサイズはデバイスのサイズに大きく影響する。小さいマイコンボードを使用する場合は、I/Oポート数も制限されるので、仕様とサイズのバランスを意識したほうが良い
開発環境	PCとの接続が容易なものや、開発用のソフトウェアが付属しているものが最初は使いやすい。習得済みの開発言語が使えるか、ということも観点としては重要になる
情報の入手性	初学習者の場合、Webサイトや書籍などで情報が得られるもののほうが良い。日本製の製品は日本語のドキュメントが公開されており、英語が不慣れな人も安心して使用することができる。また、コミュニティの活発さも情報収集を行なううえでは重要な観点となる

デバイスの変化と呼応してマイコンボードも次々と新しいスタイルのものが登場しつつあります（図3.9）。

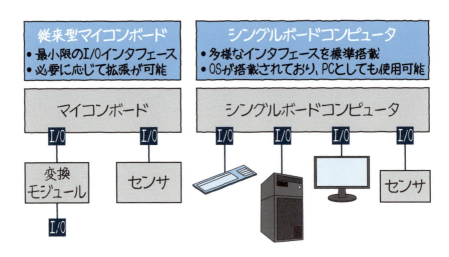

図3.9 従来型マイコンボードとシングルボードコンピュータ

従来のマイコンボードは、ワンチップマイコンを搭載し、シンプルかつ汎用性の高い構成を目指してきました。それに対し、携帯電話やスマートフォンで使用されているレベルの性能を持つCPU、充実したI/Oポート、ネットワークインタフェースなどを備えた非常に小さなコンピュータ「シングルボードコンピュータ」が続々と登場しています。これらはLinux OSが動作するうえ、従来のマイコンのようにI/Oピンの制御も可能です。マイコンボードとコンピュータの境目はとてもあいまいなものになりつつあります。

　シングルボードコンピュータは、ハードウェア開発未経験のソフトウェア開発者に対し、親しみやすい開発環境を提供します。これらのプロダクトは、ハードウェア開発を始める技術的、心理的、金銭的なハードルを引き下げるのに確実に貢献しています。

　もちろん、商品化を実現する過程では、大量生産に応えられるよう、むだな仕様をそぎ落とし、低価格化を実現する必要があります。このような段階では、ワンチップマイコンを用いて最小構成を実現することがこれからも求められていきます。そういった意味では、組み込み開発自体の難しさや要求される知識に変化はありません。ただ、シングルボードコンピュータは、プロトタイピングのプロセスを高速に、なんども行なうということを可能にします。特に、新しいコンセプトのものづくりが求められるIoTデバイス開発では、このトライアンドエラーのループをなんども回すことが重要です。

　本節では、代表的なマイコンについて先に紹介した選定基準をふまえて紹介していきます。

●H8マイコンボード

　ルネサステクノロジ社製のH8マイコンシリーズが実装されたワンチップマイコンのボードで、組み立てキットとして秋葉原や電子部品の通販サイトなどで簡単に購入することが可能です。日本製ということもあり、ドキュメントやマニュアルが充実しており、マイコンを用いた電子工作のスタンダードとして日本国内で長く親しまれてきました。価格は3,000円程度と手ごろで、初学習者にも優しい値段です。

　PCとの接続はシリアル通信で行なうのが一般的です。最近のPCにはシリアルポートが無いものが多いですが、その場合はUSBシリアル変換ケーブルで接続します。組み立てキットの中にはシリアル通信用のポートなどを自分で実装しなければいけないものもあります。データシートに従い、マイコンボードの足とDサブ9Pinコネクタとの間を接続するというもので、特に難しい作業ではありません。

　開発は付属のソフトウェアで行なうことが多いですが、開発言語はいずれもC言語

が一般的です。一般的に、組み込み系の開発にはC言語が多く用いられます。これは、ワンチップマイコンは普通のPCと比較してメモリやクロック数などスペック面での制約が多く、ハードウェア資産を効率良く使用するという観点で、ビット演算やアドレス指定といったハードウェアに近い動作記述が必要となるケースが多いためです。

H8は組み込みソフトウェアの基礎を学ぶ入り口としては非常に良い選択肢であり、どのようなハードウェアも構築することが可能です。一方で、「短期間で初学習者が動くものを作る」という意味では、やや敷居が高い部分もあるのは事実です。自身の技術的なバックグラウンドと学習目的に合わせて選択するのが良いでしょう。

◉Arduino

図3.10　Arduinoボード

　Arduinoは電子工作の経験が無い人でもすぐに開発がはじめられるマイコンボードとして非常に人気の高いボードです。アートやホビーなど、さまざまな用途に使用されており、気軽に使えるオールラウンダーなプラットフォームとして親しまれています。

　Arduinoは単にマイコンボードのみを指す言葉ではなく、Arduinoボードとそれらに最適化された統合開発環境「Arduino IDE」の2つの総称です。Arduinoは「オープンハードウェア」という概念のもと、ハードウェアからソフトウェアに至るまですべての設計情報が公開されており、派生製品もさまざまなものが販売されています。価格は3,000円程度と非常に安く、秋葉原の電子部品店やネット通販でも手軽に購入することが可能です。

Arduinoボードには、仕様の異なるさまざまな種類のものがあります。それらの中で最も標準的なボードがArduino UNOです（図3.10）。デジタル入出力端子、アナログ入力端子、USBポートなどの単純なI/Oポートが小さな基盤にコンパクトにまとまっており、購入してすぐにデバイス開発をはじめることができます。

　また、基板の拡張も可能で、「シールド」と呼ばれる対応パーツを取り付けることによって機能を追加することが可能です。Wi-Fiシールド、Ethernetシールド、GSMシールド等を使えば、ネットワークに接続する環境を簡単に整えられます。他にもセンサやさまざまな機能のシールド製品が販売されているので、ぜひ調べてみてください。

　Arduinoの最大の特徴は、開発のしやすさにあります。USBケーブルでArduinoボードとPCを接続すると、開発環境のできあがりです。Arduino IDE（図3.11）でプログラムの作成とボードへの書き込みが行なえます。開発はC++に近いArduino言語で行ないます。事前に多くのサンプルコードが用意されており、ソフトウェア開発経験のある方はそれを読むだけである程度使用方法はわかるはずです。初心者でも、箱を開けてからLEDを点滅させる回路とプログラムを作成するまで10分以内に終わる方もいるかもしれません。

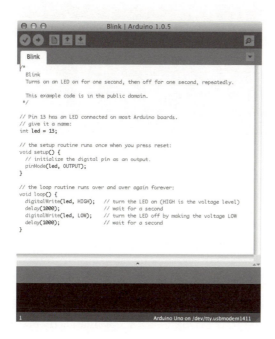

図3.11　Arduino IDE

これらの素晴らしい仕様を持ち合わせたArduinoですが、シールドを組み合わせて使うとやや大きくなってしまうのが難点です。この大きさがデバイスのサイズの基準になってしまいます。Arduinoは教育用途という観点でも作られているので、汎用性という点を重視しています。H8マイコンなどを用いて最小限の構成を実現した場合に比べて大きくなってしまうのは宿命ともいえ、製品化という観点ではこれをそのまま使用するというのはやや難しいというのが現状です。

しかし、プロトタイピングツールとしての素晴らしさはいうまでもありません。最小限の開発コストでハードウェアを構築することができるという点において、作って試すという用途には最適なプロダクトです。ハードウェア開発に興味のある方はぜひ一度触れてみてください。

⦿Raspberry Pi

図3.12　Raspberry Pi model B

Raspberry Piは、ARMプロセッサを搭載したシングルボードコンピュータで、英国Raspberry Pi Foundationが開発しています（図3.12）。シングルボードコンピュータブームの火付け役として有名なプロダクトですが、元々はプログラミング教育用の用途で作られました。

製品ラインナップとしては、Raspberry Pi 1 model A、A+、B、B+と、Raspberry Pi 2 model Bの5種類があります。それぞれ、搭載されているポートやメモリなどの仕様が異なりますが、ここでは最新のモデルであるRaspberry Pi 2 model Bを例に紹介していきます。

Raspberry PiはどちらかというとPCとして利用することを主眼に置かれた設計となっており、USBポート、音声映像入出力、Ethernetポートなどの入出力ポートのほか、MicroSDカードなどの外部メモリの接続も可能です。GPUを搭載しているという点からも、ディスプレイを接続してPCとして使用することを想定していることがうかがえます。また、Debian系のRaspbian OSがインストールされており、Pythonを標準サポートしています。Raspberry Pi 2 model BからはCPUがクアッドコア化され、Windows 10対応も発表されています。多様なアプリケーションの実行が可能なプラットフォームとして、とても注目を集めています。

マイコンボードとして利用することを考えると、大きなデメリットとしてアナログ入力端子が無いということが挙げられます。センサなどを直接接続する場合、アナログ信号を入力する必要がありますが（詳細は後述）、Raspberry Piはデジタル入力しか受け付けません。アナログ信号を取り扱うためには、アナログ信号をデジタル信号に変換するA/D変換回路を介して入力ポートに接続する必要があります。専用基板が発売されていますが、その分余計なコストがかかってしまいます。

価格はRaspberry Pi 2 model Bで4,200円程度となっており、Arduinoよりは若干高く、次に説明するBeagle Bone Blackよりは安いといったところです。シングルボードコンピュータとしては低価格で非常に素晴らしいプロダクトですが、マイコンとして利用するためにはいろいろと準備と工夫が必要です。とはいえ、書籍など参照できる情報は非常に多いので、ぜひ触って試してみていただきたい製品です。

●Beagle Bone Black

図3.13　Beagle Bone Black

Beagle Bone Black（BBB）はARMプロセッサを搭載したシングルボードコンピュータで、テキサス・インスツルメンツ社を中心に開発されています（図3.13）。このボードの驚くべきところは、マイコンボードとPC両方に求められる性能をバランス良く備えているという点です。

　ハードウェアとしては、IOピンが2×46も搭載されている上、512MBのメモリ、4GBのオンボードフラッシュストレージ、Ethernet、microHDMI、USB、microSDなど、豊富な入出力ポートを備えています。Arduinoと比較すると、演算処理能力は圧倒的に高くなっており、より多様かつ自由度の高いソフトウェアの実装が可能です。

　また、ソフトウェアとしては、SDカードから任意のディストリビューションのLinux OSをインストールして使用することも可能で、柔軟かつ容易に開発者の求めるソフトウェア開発環境を整えることが可能です。

　開発環境としては、BBBをUSBでPCに接続し、ドライバをインストールすると、PCのブラウザから「Cloud9 IDE」というIDEにアクセスできます。このIDEを用いてNode.jsでシンプルに動作を記述できます。また、各入出力ピンの状態をコマンドラインから操作できるため、スクリプトとして動作を記述することも可能です。

　非常にリッチな仕様のBBBですが、ここで紹介している他のボードに比べてサイズは少し大きめです。製品化プロダクトに使用することは厳しいと思われます。この点はArduinoなどと共通するところですね。価格は7,000円程度と一般的なマイコンボードよりはやや高めに設定されています。

　また、日本語の資料が少ないのも難点で、初学習者のみなさんは苦労されるかもしれません。国際的に見れば、比較的活発な開発者コミュニティを持っているプロダクトなので、公式Wiki等を読む根気さえあれば、デメリットを補ってあまりある魅力的なプロダクトです。

●Intel Edison

図3.14　Intel Edison

IoTデバイス開発において、ひときわ存在感を放っているのがIntel Edisonです（図3.14）。デュアルコア、デュアルスレッドのCPUとしてIntel Atom CPUが、マイクロコントローラとして100MHzのIntel Quarkが搭載されているシングルボードコンピュータです。このボードの特に素晴らしいポイントは、IoTデバイスに特化した仕様を徹底的に追及している部分にあります。

　Raspberry PiやBBBと同じく、Linux OS（Yocto Linux）が標準搭載されており、PCとして最低限の機能を有しているほか、Wi-FiとBluetooth 4.0が標準搭載されています。IoTデバイスにおいて、省サイズ設計とコネクティビティの実装は必要不可欠なものです。電源を入れさえすれば、SSHでリモートログインが可能という機能が35.5×25.0×3.9mmという非常に小さなサイズに納まっているということは、従来のマイコンボードから考えると驚くべき性能です（図3.15）。

図3.15　Intel Edisonとペンとの比較

　Intel Edison本体にはGPIOピンが付属していますが、小さすぎるため、そのまま開発を行なうのは困難です。Intelから開発者向けにBreakout Board KitとIntel Edison Kit for Arduino（Arduino互換ボード）という2種類の拡張ボードが用意されており、それに本体を挿入して開発します（図3.16）。拡張ボードにはI/Oピンのほか、SDカードやmicro USBポート、micro SDポートなどが搭載されており、外部デバイスと容易に接続できます。また、Arduino互換ボードはArduino UNOとまったく同じピン配置になっており、Arduino向けに開発したボードやシールドをそのまま装着して利用することが可能です。

図3.16　Intel Edison Kit for Arduino（Arduino互換ボード）

　ソフトウェアの開発環境も多様性と利便性を両立した環境が用意されています（図3.17）。

　まず、初学習者のみなさんは、Edison用にカスタマイズされたArduino IDEが入門用としては使いやすいでしょう。USBケーブルでEdisonをPCにつなぎ、こちらのIDEからコードの記述とボードへの書き込みとデバッグを行なうことが可能です。Arduinoで開発をしたことがある方は、開発環境も含めてすべてArduino互換が実現されているこの環境は非常に親しみやすいものではないでしょうか。

　また、C/C++のクロスコンパイラが公開しているため、開発用PCとEdisonが同じWi-Fiネットワークにいれば、開発用PC上でコンパイルした実行ファイルをSSHでEdisonに転送して使用することが可能です。

　その他にも、PythonやNode.jsなどが標準インストールされており、開発者は多様な選択肢から自分の用途に合ったものを選ぶことができます。特に、Intel XDK IoT Edisonは、Node.jsによるハードウェア制御を実装するための環境として最適なツールです。

図3.17 Intel Edison開発環境

　Edisonを活用するうえで重要なポイントは、その用途がプロトタイピングに限定されないという点です（図3.18）。開発の初期段階では拡張ボードを用いたプロトタイピングを行ないますが、ある程度仕様が固まり量産化の目途がついた段階で製品版の接続ボードを製作することで、Edison本体はそのまま製品に搭載することが可能です。プロトタイピングと製品化の間でプロセッサが変更になるといった大きな仕様変更が発生しないという点において、これは非常に重要な観点です。

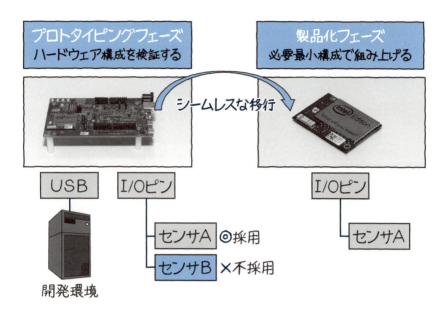

図3.18 プロトタイピングから製品化へのシームレスな移行

　これらの魅力的な仕様を持つEdisonですが、他のボードに比べると価格はやや高めです。Edison本体が単品で7,000円程度、Arduino互換ボードとセットの場合、12,000円程度かかります。また、各ピンの出力電圧が1.8Vと非常に低めの値となっており、他のデバイスを直接接続して動かすことは非常に困難です。接続する回路に工夫が必要となります。

　今回紹介したプロダクトの中では最新のものなので、まだ情報が少ない点は否めませんが、活発な開発者コミュニティを利用することで情報を得ることは可能です。Arduino互換ということもあり、Arduinoの知識ノウハウを流用できる部分も多々あるはずです。メリットとデメリットを正しく理解できれば、EdisonはIoTデバイス開発において非常に優れた開発プラットフォームとなるでしょう。

◉マイコンボードの比較

ここまで、タイプの異なるいくつかのプロダクトについて見てきました。年々マイコンとシングルボードコンピュータの境界は曖昧になりつつあり、開発環境もニーズに合わせて多様化しています。紹介してきたマイコンボードを比較してみると、それぞれ微妙にターゲットとする領域が異なることがわかります（図3.19）。

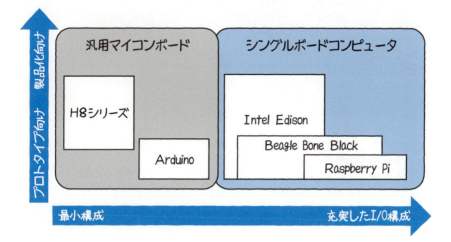

図3.19　プロダクトごとのコンセプトの違い

プロトタイピングに適した汎用性と拡張性のバランスに優れたプロダクトとしては、Arduino、Intel Edison、BBBなどが挙げられます。一方、Raspberry PiはPCとしての利用を志向しており、直接デバイスを指すことのできるアナログI/Oピンがありません。

また、H8シリーズのような従来型のマイコンは最小構成を追求する点では非常に優れていますが、ネットワークへの接続などを考えると、ひとくせあるといえるでしょう。

こうして見てみると、IoTデバイス開発向けのマイコンボードとしては、Wi-Fi、Bluetoothを標準搭載しながら、プロトタイピングから製品化までを広くカバーするIntel Edisonが大きな存在感を放つようになってきています（図3.20）。

図3.20　マイコンボードの比較

COLUMN
オープンソースハードウェアの台頭

　Arduino、Beagle Bone Black、Raspberry Piなどは、オープンソースソフトウェアに対してオープンソースハードウェアと呼ばれ、3Dプリンタなどの生産技術革新と合わせて、自由かつ容易にものづくりをはじめるためのツールとして注目を集めています。昨今、アメリカ西海岸をはじめとして、世界中でハードウェアスタートアップが次々と台頭していますが、ここで紹介したさまざまなプロダクトをはじめとしたユーザフレンドリ（正しくはデベロッパフレンドリ？）な開発ツールの登場がハードウェア開発のプロセス革新に無視できない影響を与えているようです。

3.3 実世界とクラウドをつなぐ

3.3.1 グローバルネットワークとの接続

　デバイスがネットワークに接続する形態としては、デバイスそのものがグローバルなネットワークに直接接続する方式と、ローカルエリア内にあるゲートウェイ機器を経由してグローバルなネットワークに接続する2つのパターンが考えられます（図3.21）。ウェアラブルデバイスとスマートフォンをBluetoothなどでペアリングさせ、スマホ経由でサーバにデータを伝送するような構成のライフログ系のデバイスが増えていますが、それは後者に近い構成といえるでしょう。

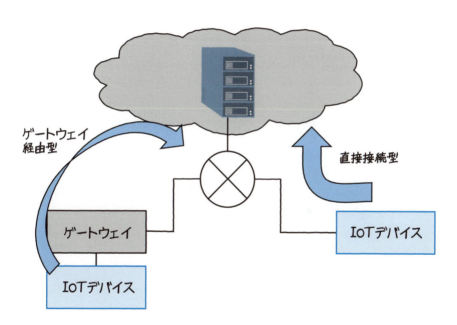

図3.21　ネットワークとの接続形態

　ゲートウェイ機器は、IoTデバイスと比較してリッチなハードウェア構成となっていることが多く、データの再送や一部保存などをサポートしているものもあります。高度な暗号化やデータの圧縮を実装することも可能なため、セキュアにデータを通信する場合にはこの方式は大きなメリットがあります。

一方、直接ネットワークに接続する場合は、IoTデバイス側に再送処理などのエラー処理を実装する必要があります。そのような検討ポイントがある一方で、ゲートウェイの存在を意識せずにシステムを構築することが可能なため、デバイスとサーバの連携をシンプルに構築することが可能です。

3.3.2 ゲートウェイ機器との通信方式

IoTデバイスとゲートウェイ機器との通信方式としては、有線／無線それぞれにおいていくつか方法があります。いずれの場合もメリットとデメリットがあるため、デバイスの用途や特性に合わせて選択する必要があります。

選択の基準としては、通信を行なう際に使用できるプロトコルや、通信モジュールのサイズ、消費電力などが選定基準となります。

ここからは、各接続方式の特徴について見ていきましょう。

3.3.3 有線接続

●Ethernet

ゲートウェイ機器とEthernetケーブルで有線接続するタイプです。電波干渉などの恐れも無く安定的に通信できるうえ、IPを用いた一般的な通信プロトコルが実装可能なため、PCと簡単に通信できるのがポイントです。

デメリットとして、シングルボードコンピュータなどのある程度リッチな実行環境を持つ端末に限定される点、サイズが大きくなりがちな点、設置場所が限定されてしまう点などが挙げられます。

●シリアル通信

RS232Cなどのシリアル通信で他のデバイスと接続するタイプです。工業製品にはシリアル通信用のポートを持つものが多く、既存の製品と連携させたい場合には接続しやすい等の利点があります。RS232Cの場合、デバイスにはDサブ9ピンポートが使用されることが多いです（図3.22）。ゲートウェイ機器が同じくシリアルポートを持っている場合、RS-232Cケーブルで直接接続することで通信を行なうことが可能です。ケーブルには、ストレートケーブルとクロスケーブルの2種類が存在します。デバイスの構成に合わせて選択するようにしてください。

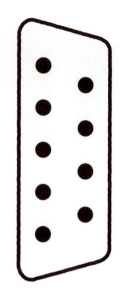

図3.22　Dサブ9ピンポート

　一方、ゲートウェイ機器にシリアルポートが無い場合、「USBシリアル変換ケーブル」などを用いて接続してあげる必要があります。その際、ゲートウェイ機器側では、変換ケーブルに内蔵された変換チップに対応したドライバがインストールされている必要があるので、注意してください。変換チップのデファクトとなっているFTDIチップに対応したドライバソフトウェアがインストールされていれば、対応するケーブルを見つけることは比較的容易です（ドライバについては次項で解説します）。
　シリアル通信を実装するためには、通信速度のパラメータ「ビットレート」や送信するデータのサイズを送受信側双方で設定する必要があります。
　C言語やJava、Pythonといった大抵のプログラミング言語はこのシリアル通信のライブラリを用意しています。取り扱いが簡単なインタフェースの1つです。

◉USB

　USBはなじみの深いインタフェースの1つです。USBのコネクタにはさまざまな形状がありますが、ゲートウェイにはパソコンと同じ「タイプA」と呼ばれるコネクタが採用されることが多いです。また、USBは複数の規格があり、それぞれデータの転送速度が異なります（表3.2）。

表3.2　USBの規格と転送速度、電源供給能力

名称	最大データ転送速度	電源供給能力
USB1.0	12Mbit/s	―
USB1.1	12Mbit/s	―
USB2.0	480Mbit/s	500mA
USB3.0	5Gbit/s	900mA
USB3.1	10Gbit/s	100mA

　USB接続のデバイスを利用するためには、デバイスドライバと呼ばれるソフトウェアをインストールする必要があります。そのため、USBでデバイスのコントロールやデータの受信を行なう場合は、デバイスに対応したドライバが提供されているかが重要となります。たとえば、USBカメラをゲートウェイに接続し、画像を送信しようとした場合、PCでは単純にUSBカメラとそのドライバをインストールしますが、ゲートウェイがLinuxで動いている場合はLinux用のドライバを準備し、画像を取得するソフトウェアを作成する必要があります。

　USBは、PCなどの汎用機器では非常に広く普及しており、Dサブ9ピンポートなどに比べて圧倒的にサイズが小さくて済むのが特徴です。

3.3.4　無線接続

◉Wi-Fi

　Wi-Fiのアクセスポイント経由でネットワークに接続できるタイプです。モバイル型のデバイスや、有線接続が困難な環境でPCやスマホと連動させることが可能です。ローカルエリア内の他デバイスと連動するようなシステムも比較的容易に構築できるでしょう。

　無線干渉を防止するためには、アクセスポイントの配置に気を配る必要があります。無線接続方式に共通していえることですが、デバイス側のアプリケーションは通信が遮断されるケースを想定して実装を行なうことが求められます。たとえば、データを内部に保存し、接続できるタイミングで一気に送るなどの工夫が必要でしょう。

　また、Bluetooth4.0（後述）と比較すると消費電力が大きいため、長時間通信を行なうデバイスには適していないともいえます。

◉3G/LTE

移動体通信キャリアの通信回線を介してネットワークに接続するタイプです。デバイスにキャリアから購入したSIMカードを挿入することで通信が可能になります。

電波圏内であればどこでもネットワークに接続することが可能であり、Wi-Fiのようにアクセスポイントの配置に気を配る必要はありません。逆に、工場や地下など、電波の届きにくい場所では通信ができなくなってしまいます。

3G/LTEを利用するためには、SIMカードを挿入するためのスロットをデバイスに搭載する必要があり、ハードウェア設計の中で大きな拘束条件となります。また、回線使用料が継続的に発生するため、月額モデルの導入など、デバイス自体の価格や利用形態にも影響を与えるでしょう。端末の開発にあたってはキャリアの審査が必要な場合もあるので、注意してください。

◉Bluetooth

近距離無線通信規格で、多くのスマホやノートPCに搭載されている通信規格です。

バッテリ内蔵型の小型デバイスでの利用を想定し、大幅に省電力化されたBluetooth Low Energy（BLE）を統合したBluetooth4.0が2009年に公開されました。デバイスの構成によっては、ボタン電池1つで数年間稼働させることが可能です。また、従来のBluetoothはWi-Fiと同じ2.4GHz帯を使用しているため、干渉を起こすことが問題となっていましたが、4.0から大幅に改善しています。

BLEは一対一通信のほか、IoTデバイスの周囲にあるBLE対応機器に対して、ブロードキャストで任意のメッセージを送信する一対多通信を行なうことが可能です。この通信形態を利用して、iOSでは、環境中に設置したBLE発信機＝Beaconの大まかな位置とID情報を計測可能な「iBeacon」という機能をiOS7から標準搭載しています（図3.23）。この機能を使うと、店舗に近づいた顧客に対して最適な広告やクーポンなどを配信することが可能であり、新たなO2O（Online to Offline：Webサイトやアプリケーションなどのオンライン情報とオフラインの店舗販売とが連動したサービスやその手法）サービスとして注目されています。

図3.23 　BLEによるブロードキャスト（iBeacon）

　また、Bluetooth4.2では、IPv6/6LoWPANの公式対応が発表され、ゲートウェイを介してデバイスが直接インターネットに接続することが可能になりました。これらの特徴から、BluetoothはIoTにおける主要な通信プロトコルとなりつつあります。

　Bluetoothは、活発にアップデートされ続けている通信規格です。特に、v3.Xからv4.Xへの移行は非常に規模が大きく、互換性の問題が生じました。たとえば、BLEはv3.0対応機器とは接続できません。規格の策定を行なっているBluetooth SGIでは、これらの違いについて、v3.X以前の機器と通信が可能なものを「Bluetooth」、v4.Xのみに対応した機器を「Bluetooth SMART」、すべてのバージョンとの互換性を担保した機器を「Bluetooth SMART READY」と呼び、区別しています（表3.3）。

表3.3 　Bluetooth互換対応表

バージョン	Bluetooth	SMART	SMART READY
1.X	○	×	○
2.X	○	×	○
3.X	○	×	○
4.X	×	○	○

BLE準拠のIoTデバイスをゲートウェイに接続したい場合、ゲートウェイ側はBluetooth SMART、またはBluetooth SMART READYのいずれかに対応している必要があるので、注意が必要です。ちなみに、スマートフォンの場合、iPhoneは4S以降、Androidは4.3（API Level18）からBLEに対応しています。直接スマートフォンと連携させる場合には、OSのバージョンを確かめてください。

◉IEEE 802.15.4 / ZigBee

　IEE 802.15.4 / ZigBeeは、2.4GHz帯を使用する近距離無線通信規格です。伝送速度が低速な一方、Wi-Fiなどと比較して消費電力が少ないという特徴を持っています。

　ZigBeeは、図3.24に示すような多様なネットワーク形態を取ることができます。中でも、メッシュネットワークは、一部区間が遮断されても継続して通信を行なうことが可能であり、ZigBeeの大きな特徴の1つです。この方式を使えば、大量のセンサを組み合わせて簡単にセンサネットワークを構築できます。

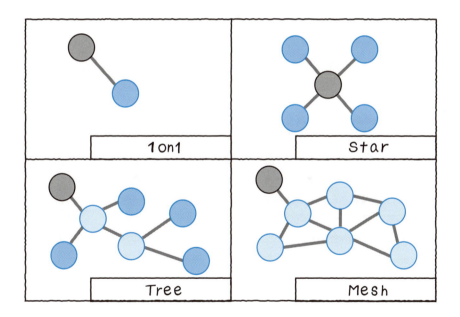

図3.24　ZigBeeのネットワーク形態

一方、PCやスマホと連動させるには、相手側に専用の受信機を接続する必要があります。受信機が標準搭載されているケースの多いBluetoothと比較して、この点が大きなデメリットとなります。

●EnOcean

EnOceanは、ドイツGmbHが開発したバッテリレスの無線発信技術で、通信規格のみならず、センシングデバイスそのものも含めた総称となっています（図3.25）。

人感センサ、スイッチ、温度センサ、ドア開閉センサなど、さまざまな種類のデバイスが取り揃えられていますが、すべてのデバイスがエネルギーハーベスティング技術を用いた自立発電を採用しています。たとえば、スイッチの場合は押し込んだ際の力を、温度センサの場合は太陽光発電を利用して発電し、通信を行ないます。つまり、一度取り付けると配線や充電の手間はありません。

日本国内では920MHz帯を使用しており、PCやゲートウェイで受信するには受信用の専用モジュールをハードウェアに組み込むか、受信用のUSBモジュールを取り付ける必要があります。

通信プロトコルは、開発元のGmbHやEnOceanの仕様策定／普及展開を議論している団体EnOcean Allianceの定めた方式に従わなければいけません。受信モジュールを搭載した機器には、仕様に則した受信用のアプリケーションを実装する必要があります。

また、自立発電という性質上、EnOceanデバイスは省電力化のための工夫が多数施されています。電波強度はあらかじめ弱めに設定されており、受信機との距離はあまり長めに設定できません。センサから受信機にデータを送るタイミングの間隔も長めに設定されています。たとえば、変化の検出に1秒以内の遅延しか許されないようなケースには適していません。使用する際は、これらの条件や、充電のための自然光が十分にあるかなど、設置環境を十分に精査する必要があります。

しかし、EnOceanの「メンテナンスフリー」という特徴は非常に魅力的であり、ユースケース次第では強力な味方となってくれるでしょう。

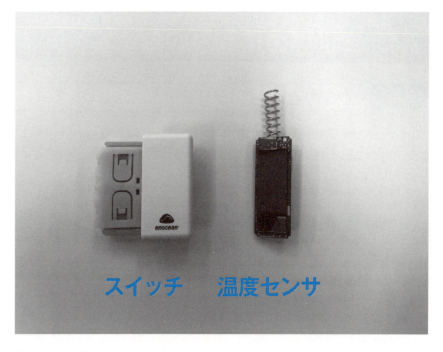

図3.25　EnOceanデバイス

3.3.5　電波認証の取得

　無線通信を行なうデバイスを開発し、実際にそれを使用する場合、国ごとに電波法の認証（技術基準適合証明など）を取得する必要があります。個々のケースによって手続きの必要があるかは異なるため、製品の販売を検討する場合にはその国の電波法に詳しい有識者に相談することをおすすめします（この詳細は第5章で扱います）。

3.4 実世界の情報を収集する

3.4.1 センサとは

センサは、周囲の環境の物理的変化を電気的信号の変化として検出する装置です。人間は五感で環境の変化を検出しますが、デバイスではセンサがその役割を担います。

表3.4に示すように、さまざまな種類のセンサがあります。

表3.4 代表的なセンサ

種類	用途
温度／湿度センサ	周囲の温度／湿度を計測し、電気信号に変換する 導入例 室内環境測定（家庭内、工場、ビニールハウスなど）
光センサ	光の変化を検出し、電気信号に変換する 導入例 防犯用照明、自動制御ブラインド
加速度センサ	センサに加えられた加速度を計測し、電気信号に変換する 導入例 スマートフォン、フィットネストラッカー
力覚センサ	センサに加えられた力を計測し、電気信号に変換する。形状としてはシート型からスイッチ型までさまざまなものがある 導入例 高齢者用起床センサ
距離センサ	センサと障害物との距離を計測し、電気信号に変換する。赤外線や超音波を照射し、反射に基づいて測定している。二次元平面をスキャンできるレーザレンジスキャナなどもある 導入例 自動車
画像センサ	カメラも広義ではセンサの一部である。最近では距離センサと組み合わせ、物体の3D形状を計測できる高度なセンサも登場している（詳細は第4章で解説） 導入例 顔認証、スマートフォン

それぞれの種類の中でもさまざまな方式があり、「どのセンサを使うか」ということはデバイス開発に携わるすべての開発者の頭を悩ませる困り事の1つです。「こうすれば間違いない」という方法はありませんが、センサの仕組みと特性に対する理解無くしてデバイスを作ることは不可能です。

センサ技術は、日々進化しています。新しいデバイスのアイデアは、「こんなものをこんな方法で測れるようになった」という技術革新から生まれることも少なくありません。センサに関する知識を身に付けることは、技術者のみならず、製品企画や営

業戦略という観点でも非常に重要なのです。

　ここでは、センサはどのように周囲の状況を計測しているのか一般的かつ基本的な手法を学びながら、「センサとはなにか」ということについて理解を深めていきましょう。

3.4.2　センサの仕組み

ここでは以下の2つのセンシング方法について紹介していきます。

①物理特性を利用するセンサ
②幾何学的な変異を利用するセンサ

◉物理特性を利用するセンサ

　センサには、それぞれの用途に応じて異なる検出素子という部品が内蔵されています（図3.26）。検出素子とは、周囲の環境の変化に応じてその電気的な特性が変化する物質です。

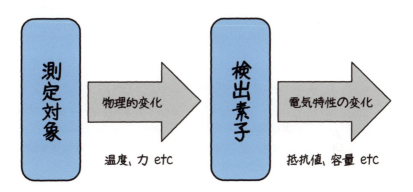

図3.26　物理特性を利用するセンサ

　検出の方法には、大きく分けて2種類あります。
　1つめは、環境の変化が出力電圧の変化として現われるタイプです。たとえば、力覚センサの場合、ひずみゲージと呼ばれる金属製の力覚素子がその役割を果たします（図3.27）。センサに力が加わると、ひずみゲージが微小に変形します。金属には伸縮に応じて抵抗値（出力電圧）が変化する性質があるため、ひずみゲージに一定の電流を流しておくと、オームの法則（電圧＝抵抗×電流）に従って、変化が出力電圧に現

われます。たとえば、ひずみゲージを橋梁や高層建築物の柱などに設置すると、建物の微小なひずみをセンシングすることが可能です。そのデータをネットワークでサーバに集積すれば、インフラの継続的な監視が実現できそうですね。

これらのセンサは、広義では可変抵抗器（ダイアルを回して抵抗値を増減させることができるタイプの抵抗）と等価な存在です。同様の特性を利用しているものとしては、CdS（光センサ）や温度センサなどがあります。

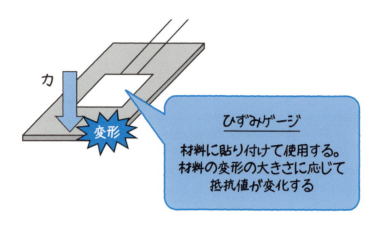

図3.27　ひずみゲージ（抵抗値が変化するタイプのセンサ）

そして2つめは、環境の変化が出力電流の変化として現われるタイプです。たとえば、光に反応するフォトダイオードは、光が当たると太陽電池のように2つの端子間に起電力が発生し、電流が流れる半導体素子です（図3.28）。変異は電流の変化として出力されますが、実際にはオペアンプというICを用いて電流変化を電圧変化に変換します。結果的に、先ほどの1つめのケースと同じように、電圧の変化として出力されます。

フォトダイオードは、先ほど紹介したCdSと比べて光の変化に反応する速度「応答性」が速いという特徴があります。電流電圧変換回路が必要となるため、構成がやや大きくなってしまいますが、正確な測定が必要なシーンではフォトダイオードが採用されるケースが多いようです。

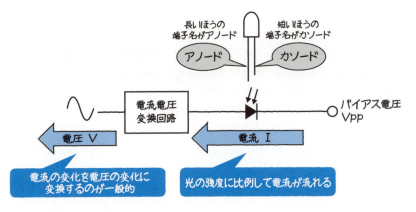

図3.28　フォトダイオード（電流値が変化するタイプのセンサ）

　なにげなく使用しているセンサですが、ミクロに見ていくと、物質の性質を巧みに利用していることがよくわかります。センサの特性を正しく理解して、適切なセンサを選定することが重要です。

◉幾何学的な変異を利用するセンサ

　距離センサでは、障害物との幾何学的な関係を利用して距離を計測しています。赤外線距離センサを例に説明していきます（図3.29）。

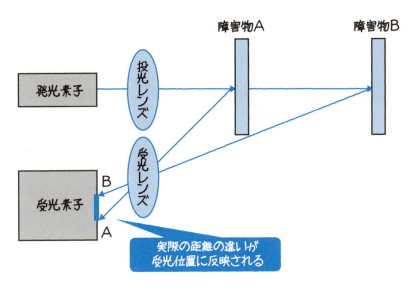

図3.29　距離センサの仕組み

赤外線距離センサには、レーザを照射する部分と、障害物からの反射光を受け取る受光素子があります。この受光素子は、光が当たったかというON/OFFの情報だけでなく、受光素子のどこに当たったかという情報まで計測することが可能です。この値をから、図3.29のような幾何学的な関係を利用して距離の測定を行ないます。

　実際には、距離センサにはINPUT、GND、OUTという3つの端子が付いています。INPUTとGNDにそれぞれ電源を接続すると、距離の測定結果がOUTの端子に電圧変化として現われます。センサごとに電圧値と距離の対応関係のグラフがあらかじめ用意されており、それと照合して実際の測定結果を得ることになります（図3.30）。

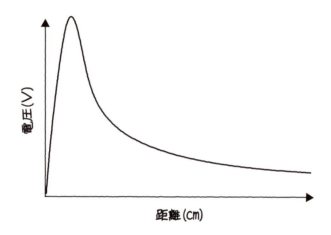

図3.30　出力と距離との関係の例

3.4.3　センサを利用するプロセス

　さて、ここまでセンサの仕組みについてご紹介してきました。次に、これらのセンサをデバイスに組み込み、利用するにはどうしたら良いか見ていきましょう。

　センサの出力を受け取り、デバイスの制御を行なうのがすでに紹介したマイコンです。具体的に、「マイコンで電気信号を扱う」とはどうすれば良いのでしょうか。

　それを知るためには、センサが出力する電気信号の特性について理解する必要があります。すべてのセンサは一般的に以下のような特性を持っています。

- ミリボルトオーダーの微小信号である
- 一定のノイズを含んだアナログ信号として出力される

このような条件に対して、センサ信号から所望の情報を取り出すためには、「信号処理」と呼ばれる前処理が必要です。そのフローを図3.31に示します。

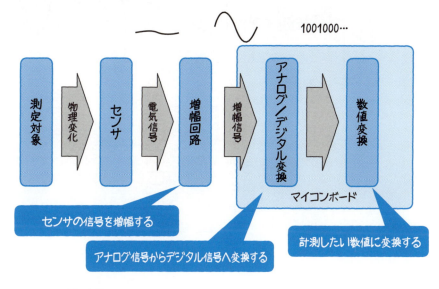

図3.31　センサ信号処理のフロー

各フローでどのような処理を行なっているのか詳しく学んでいきましょう。

3.4.4　センサの信号を増幅する

　センサの微小信号を利用するためには、マイコンなどで読み取り可能な大きさに増幅する必要があります。そのために必要なのが増幅回路です。

　増幅回路のコアとなるのはOPアンプ（Operational Amplifier：演算増幅器）というICチップです。その正体は、トランジスタ（電流の流れをコントロールする素子）などを用いた複雑な回路を組み立てたもので、信号増幅のほか、アナログ演算にも使用されています。

　簡単な例を図3.32に示します。これは「非反転増幅回路」と呼ばれるもので、入力信号を極性はそのままに増幅して出力します。三角で描かれているのがOPアンプで、各端子に抵抗などの素子を接続しているのがわかるでしょう。

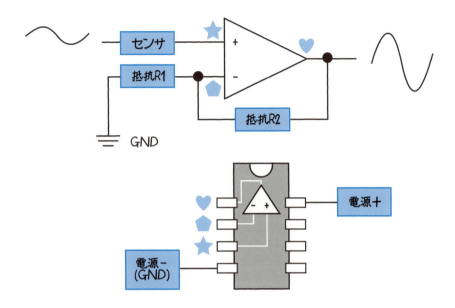

図3.32　非反転増幅回路

　どの程度信号を増幅させるかは、OPアンプに接続された抵抗の比で表現されます。この倍率を調整することは、いわゆる「感度」を調整することに等しく、倍率を大きくするほど小さな変化を検出できるようになります。その一方で、ノイズ等の検出したくない微小な信号にまで敏感に反応するようになるので、適切な値を設定する必要があります。抵抗に可変抵抗（ダイアルを回して抵抗値を増減させることができるタイプの抵抗）を用いると、回路を組み上げてから感度を調整できます。微小な変化を検出したい場合は、このような方法で微調整するのが良いでしょう。

　他にも同じOPアンプを利用してさまざまな形に信号を増幅させる方法として、以下のようなものがあります。

- 反転増幅回路 ⇒ 極性を反転（±を逆に）して増幅した値を出力する
- 差動増幅回路 ⇒ 2つの入力電圧の差だけを増幅して出力する

　利用するセンサや取り出したい情報に応じて適切な増幅回路を組んで利用しましょう。

3.4.5 アナログ信号からデジタル信号へ変換する

　センサで取得する測定値は、電気信号を連続量として表現したいわゆるアナログ信号です。PCでこの値を処理するためには、アナログ信号から離散値であるデジタル信号へと変換するアナログ／デジタル（A/D）変換を行なう必要があります。A/D変換の処理は、以下の3ステップに分けられます。

- 標本化（サンプリング）　➡　アナログ入力をある周期で区切り、値を取得する
- 量子化　　　　　　　　　➡　サンプリングされた値を離散値で近似的に表現する
- 符号化（コーディング）　➡　量子化された数値を2進数化する

簡単に図解していきましょう（図3.33）。

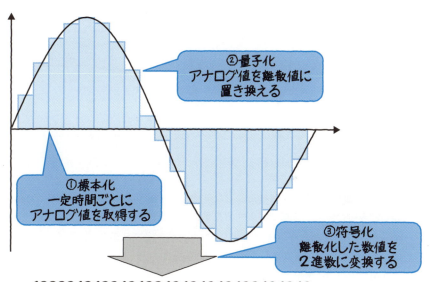

図3.33　A/D変換の仕組み

マイコンを選定する際、A/Dコンバータの性能は重要な観点となります。さまざまな指標がありますが、まずはサンプリング周波数と分解能をチェックしましょう。

サンプリング周波数は、どのくらいの間隔でサンプリングを行なえるかという指標です。入力信号の周波数に対して低すぎるサンプリング周波数を適用した場合、図3.34に示すように、本来の波形とまったく異なる偽の波形が計測波形として現われてしまいます。このような偽の波形はエイリアスと呼ばれます。具体的には、入力信号の最高周波数に対し、2倍以上の周波数でサンプリングしなければ、エイリアスの出現を予防することはできません。

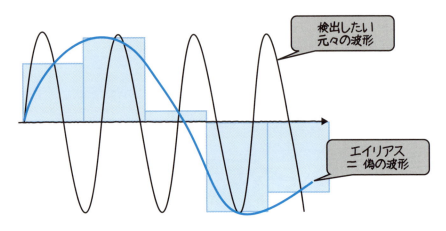

図3.34　サンプリング周波数とエイリアスの関係

一方、分解能は、アナログ信号をどれだけ細かく分割できるかという指標で、「最大何分割できるか」という形で表現されます。たとえば、8bitのA/Dコンバータの場合、$2^8=256$分割することが可能であり、これが分解能となります（図3.35）。一例としては、このA/Dコンバータでレンジが10Vの信号を処理した場合、39mV未満の電圧差は計測できないことになります。

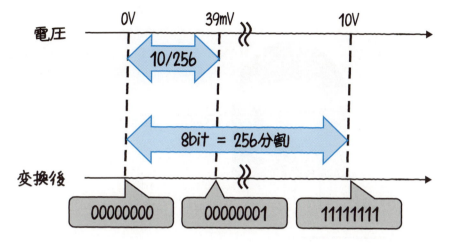

図3.35　分解能の考え方

センサの特性を十分に考慮し、適切な周波数と分解能のA/Dコンバータを選択しましょう。

3.4.6　センサのキャリブレーションを行なう

キャリブレーションとは、測定したい状態量とセンサの出力値との関係を比較し、正確な測定結果が得られるよう、分析と調整を行なう作業です。

ここまで見てきたように、センサは電気信号（電圧）として測定した結果を出力します。生の電気信号のままでは、測定したいパラメータを知ることはできないので、計測値をそのパラメータへ変換する公式が必要となります。たとえば、赤外線距離センサの場合、出力電圧と距離との関係のグラフが必要となります。

市販されているセンサの中には、詳細なデータシートが提供されているものもあります。それにはこのようなグラフも記載されているので、センサを使用する場合は必ずチェックしてみましょう。

しかし、実際にはセンサには個体差というものが存在します。また、電子基板の温度などによって測定値が変化してしまうセンサも少なくありません。このような誤差要因に対して安定的にセンシングを行なうために実施するのがキャリブレーションです。キャリブレーションを行なううえでは、センサに実用に耐えうる再現性があるかということが重要になってきます。ここではポテンショメータを例に考えてみましょう（図3.36）。

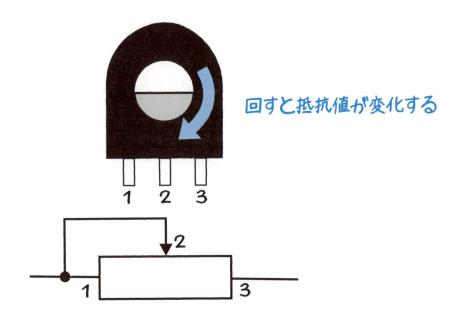

図3.36　ポテンショメータ

　ポテンショメータとは、可変抵抗器の一種で、本体に付属しているツマミを回すことで端子間の抵抗値が変化します。出力電圧とツマミの角度との関係式を求めることができれば、このセンサを用いてレバーの傾きやロボットの関節角度などを求めることができます。このとき、キャリブレーションは以下の手順で行なっていきます（図3.37）。

①基準となる値（ここでは角度）をできるだけ多く定め、そのときの出力電圧と回転角度との関係をグラフ上にプロットする
②プロットの中心を通る曲線の近似式を求める

　これによって、個体差や再現性の誤差をなるべく排除した関係式を得ることができます。また、先ほど基板の温度の影響について触れましたが、たとえば基板が何℃のときにどれ位のズレが発生するか、という影響の大きさが一定の場合、温度センサと組み合わせてその影響を補正できます。基板の温度を意図的に変化させ、出力電圧がどのように遷移するかを記録できれば、先ほど求めた関係式に補正項としてこの影響

を加えることができます。

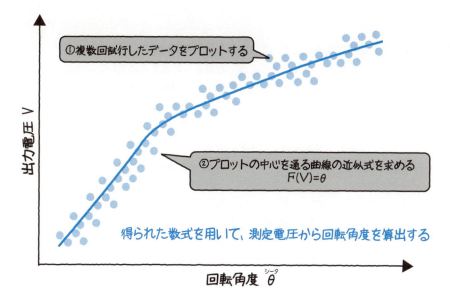

図3.37　キャリブレーションの様子

　このように、センサで正確な測定を行なうためには入念な下準備が必要です。キャリブレーションを行なうかどうかによって、測定精度はまったく異なっていきます。

　多くの場合、キャリブレーションを行なうためには、そのための道具や環境が必要です。先ほどのポテンショメータの場合、本当に正確に測定しようと思えば、測定の基準となるツマミの回転角度を計測する高精度のセンサが別に必要になります。どうすればなるべく手間をかけずに正確な基準値を得ることができるかは、開発者の工夫によるところも多くあります。センサに合わせたキャリブレーションの方法を模索してみてください。

3.4.7　センサの選び方

●目的／条件を知る

　デバイスをデザインする際に考慮するべきポイントはさまざまありますが、ウェアラブルデバイスや環境設置型デバイスなど、日常の中に埋め込んで使用することの多いIoTデバイスの場合、小型かつシンプルな構成を実現することが求められます。そ

のためには、デバイスの企画段階で、以下の点について十分想定しておくことが重要です。

- デバイスを利用することで、どのような状態を実現したいのか
- その状態を実現するには、どのような物理量を計測する必要があるのか
- そのデバイスは、どのような環境でどのように使用されるのか

ハードウェア開発では、一度製品を作ってしまうと修正するのに手間がかかりがちです。デバイスの利用条件を事前に十分にシミュレートし、要求仕様や利用条件を明らかにしておくことが重要です。ターゲットユーザ／顧客に対して活用するのも有効なアプローチです（図3.38）。

① ユーザの分類と仮説構築
■ さまざまなデータを収集し、分析を実施
■ ユーザの行動および意識に関する属性を抽出
■ ユーザを分類

② ヒアリングによるスケルトンの作成
■ ①での検討をベースにユーザヒアリングを実施
■ ペルソナの骨格となるユーザ属性のリスト『スケルトン』を作成

③ ペルソナの具体化とフローの作成
■ スケルトンを基に仮想人格ペルソナを想定
■ ペルソナと環境条件を基に、想定される行動やデバイスの活用イメージを具体化

図3.38　ペルソナ分析によるデバイス活用イメージの具体化

●手段を知る

目的と利用条件が明らかになった段階で、候補となるセンサをピックアップする必要があります。そのためには、3.4.2項で説明したセンサの基本原理を理解しておくとともに、センサの性能指標について正しい知識を身に付け、比較／検討ができるこ

とが重要です。一般的に用いられる性能指標について表3.5と図3.39に示します。

表3.5 センサの性能指標

種類	概略
分解能	どこまで細かい変化を検出することができるかという指標
ゼロ・ポイント	出力が0Vのときの測定対象の大きさ
オフセット	測定対象が0のときの出力
感度	測定対象に対してどの程度敏感にセンサが反応するかを表わす指標
測定範囲	センサが検出できる値の範囲
再現性	同じ変化を繰り返し測定した場合のズレの大きさ
動作環境	センサの動作が保証される環境条件。温度や湿度など
環境依存性	温度などの外部変動の影響の具体的な大きさ

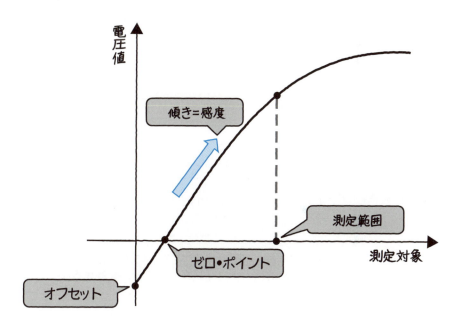

図3.39 センサの性能指標

　各センサにはその特性を示すデータシートがあります。多くの場合、データシートは製造元のWebサイトに公開されており、これらの指標について確認することが可能です。事前に分析した利用目的と条件に合致するセンサを選びましょう。

3.5 実世界にフィードバックする

3.5.1 出力デバイスを使ううえで重要なこと

　ここまで、デバイス開発におけるセンサの利用方法について見てきました。IoTデバイスは、センサによって収集した情報をクラウド側のシステムと連携しながら処理し、その結果に基づいてデバイスを利用するユーザや環境を最適な状態へ誘うことがその使命です。この一連のフィードバックループの中で、「デバイスを利用するユーザや環境を最適な状態へ誘う」部分を担うのが「出力デバイス」です。

　デバイス開発において、出力デバイスの効果的な活用は非常に重要な設計観点の1つです。スマートフォンを想定しただけでも、スピーカ、ディスプレイ、バイブレータ、LEDなどさまざまな出力デバイスが搭載されていることに気づくことができます。

　出力デバイスを活用するうえでは、いくつかの重要なステップをふむ必要があります（図3.40）。特に重要なのは、先に説明したセンサの設計と出力デバイスの設計は密接にリンクしており、これらを統合的に行なう必要があるということです。

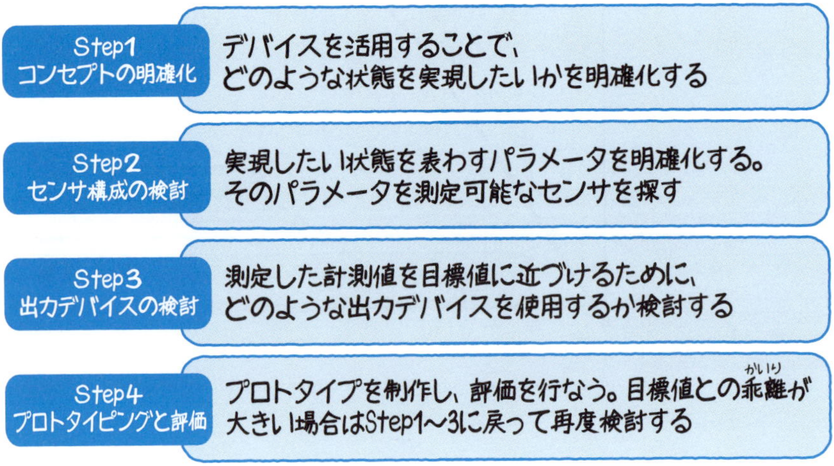

Step1 コンセプトの明確化	デバイスを活用することで、どのような状態を実現したいかを明確化する
Step2 センサ構成の検討	実現したい状態を表わすパラメータを明確化する。そのパラメータを測定可能なセンサを探す
Step3 出力デバイスの検討	測定した計測値を目標値に近づけるために、どのような出力デバイスを使用するか検討する
Step4 プロトタイピングと評価	プロトタイプを制作し、評価を行なう。目標値との乖離(かいり)が大きい場合はStep1〜3に戻って再度検討する

図3.40　デバイスの設計検討フロー

　さらに、出力デバイスの設計において開発者の頭を悩ますのが、開発したデバイスをどのように評価するか、という点です（図3.41）。デバイスの有用性を確認するには、

コントロールしたい状態量の目標値に対して実測値がどの程度近づいたかという観点は必要です。その他にも、デザイン性や環境適応性など、多角的な観点から評価を行なう必要があります。中には単純に数値化しにくい指標も含まれています。デバイス開発の真の難しさは、こういったあいまいな要件をどのようにしてすくい上げるか、ということに凝縮されているといえます。

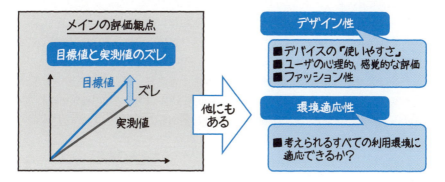

図3.41　出力デバイスの評価

　デバイスを適切に評価し、その結果を設計／開発にフィードバックしていくには、実際に作って試すというプロトタイピングのサイクルをできるだけ素早く回し、ユーザの意見をプロダクトに反映することが重要です。

　本節では、「作る」という作業を経験してもらうことを主眼に置き、容易に入手することが可能なLEDとモータを活用する方法を例に説明していきます。もちろん、出力デバイスというものを網羅的に説明するにはこの2つだけでは十分とはいえませんが、これらを活用する中で他の要素を利用するうえでも有益となる多くの示唆を得ることができるはずです。

　それでは、出力デバイスを取り扱うテクニックについて見ていきましょう

3.5.2　ドライバの役割

　ここでは、マイコンから出力デバイスをコントロールするうえで必要となる構成について見ていきましょう。

　マイコンの入出力ポートは、その名の通り、センサからの信号を受け取ることができると同時に、信号を出力することが可能です。「では早速マイコンのポートにモータを突っ込んで動かしてみよう」と簡単にいかないのが難しいところです。

というのも、一般的にマイコンの出力は3.3Vや5Vの低い電圧で、しかも非常に低い電流値です。小さなLED1個をチカチカ点灯させる程度であれば問題ありませんが、LEDの数が増えた場合や、モータを駆動させなければいけない場合にはこのような貧弱な出力では対応できません。

これに対応するために重要なのがドライバです。ドライバの概念は水道の蛇口に例えることができます。マイコン自体は蛇口の開け閉めのみを行ない、実際にデバイスに流れ込む電流はマイコンの出力とは別に電源を用意し電流を供給します。

最も単純なドライバ回路としては、トランジスタという電流の流れを制御することが可能な電子部品を利用したスイッチング回路が挙げられます。

トランジスタにはNPN型とPNP型の2種類がありますが、両方ともエミッタ（E）、コレクタ（C）、ベース（B）という3つの端子を持っています。2つの種類で電流の流れるルートが異なります。ここではNPN型を例に説明していきましょう（図3.42）。

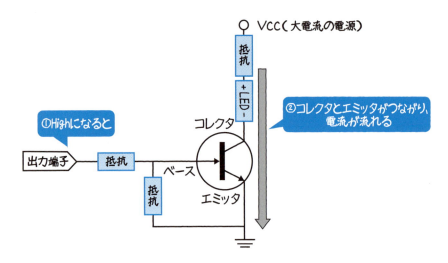

図3.42　トランジスタを用いたスイッチング回路

　ベースに接続したマイコンの出力がLow（0V）の場合には、コレクターエミッタ間には電流は流れません。一方、ベースをHighにして電流を流してあげると、コレクタからエミッタへと電流が流れます。この仕組みは、スイッチに非常によく似ています。ベースに加える電流によって、コレクターエミッタ間のON/OFFをコントロールできるわけです。ここで重要なのは、トランジスタはベースに加える電流の変化が非常に小さくてもON/OFFを切り替えることができるという点です。コレクタに大きな電源を接続してあげることにより、結果的にベースの電流を大きく増幅して出力でき

るようになります。図3.42の例では、マイコンの出力に応じてLEDを点灯させることが可能です。

　また、ドライバは接続されるデバイスに合わせて専用のICチップとなっているものも数多くあります。たとえば、DCモータを利用する場合には、モータドライバと呼ばれるICを使用します（図3.43）。モータドライバは、制御入力端子に与えられた信号に基づき、出力ポートに接続されたモータを停止、正転、後転させることが可能です。中には、アナログ信号によって回転速度を制御できるものもあります（アナログ信号の取り扱いについては次章で取り上げます）。

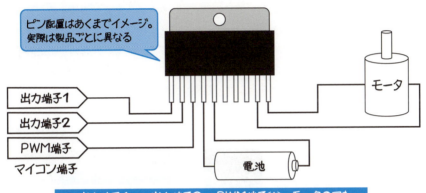

図3.43　モータドライバの利用方法

　ここで、マイコンのコントロールに用いられる電源を制御電源、モータを駆動するために用いられる電源を駆動電源と呼びます。モータドライバを使用することで、大きな駆動電源のマネジメントとモータの容易な制御が可能になるわけです。

3.5.3 正確な電源を作る

ちょうど今、デバイスの電源特性に関する話が出てきましたね。電源の取り扱いは電子回路設計の中でも特に注意していただきたいポイントです。

すべてのIC、センサ、モータ、LEDには定格電圧や最大電流などのパラメータが決められており、それらは製品のデータシートに明記されています。定格電圧以上の電源を接続してしまうと、異常発熱や発火などの原因となります。デバイスの仕様を正しく理解し、安全かつ安定性の高い回路を構築することが重要です。

そのためによく用いられるのが三端子レギュレータという電源を調整するための電子部品です（図3.44）。名前の通り、Vin/Vout/GNDという3つの端子があります。三端子レギュレータは入力された電圧に対して、内部で電圧変換を行ない、一定の電圧を出力します。製品ごとに3.3V、5V、12V等の出力電圧と最大電流が指定されており、回路の構成に合わせて選択することで容易に安定な電源を作ることが可能です。

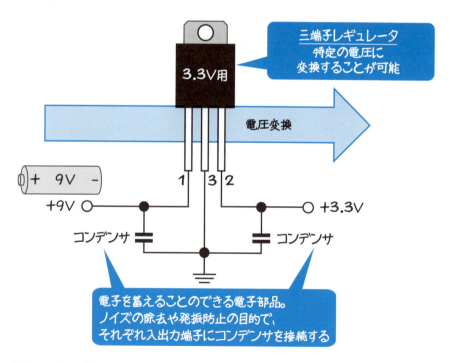

図3.44　三端子レギュレータ

三端子レギュレータを使用するうえで注意したいのは、発熱です。三端子レギュレータは特に高温になる傾向があり、他の素子に影響を与えます。製品によっては、付属の放熱板（熱を逃がすための板状の部品で、三端子レギュレータに装着して使う）が付いているものもあります。うまく熱を逃がすような構造を作ってあげることが重要なので、回路に組み込む場合は、他の部品から離したり、熱を逃がすための穴を本体に開けたりなどの工夫を凝らす必要があります。

3.5.4 デジタル信号をアナログ信号に変換する

先ほど「モータの回転速度を制御するためにアナログ信号を使用する」と説明しました。A/D変換については3.4.5項で学びましたね。ここではその逆の作業、つまり、デジタル信号をアナログ信号に変換する「デジタル／アナログ（D/A）変換」について、その代表的な方法であるPWM方式について説明します。

PWM（Pulse Width Modulation）方式は、出力のLOW/HIGHを高速で切り替えることで近似的にアナログ出力を実現するもので、多くのマイコンでこの方式が用いられています。

スイッチを押している間だけ回転するモータを想像してみてください。このモータの回転速度をコントロールするためにはどうしたら良いでしょうか。

最も簡単な方法は、スイッチを連打して、押し込んでいる時間を調整することです。PWM方式は、まさにその原理を利用しています。一定時間T秒ごとにスイッチをW秒押し込む場合の出力電圧の波形を想像してください（図3.45）。出力電圧はスイッチを押し込んでいる間だけHighになり、その他の時間はLowになります。これの凸凹の波形が「PWM信号」と呼ばれるパターンです。ここで、Tのことを周期、Wのことをパルス幅と呼びます。また、周期の中でどのくらいの時間出力がHighになっているかを表わす割合（つまり、W/T）をデューティ比と呼びます。

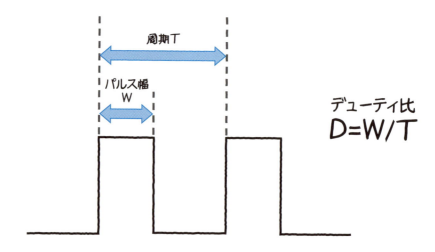

図3.45　PWM方式におけるデューティ比の算出方法

　正確なアナログ信号を出力するには、D/A変換器という特殊な変換部品を使用する必要がありますが、PWM信号は擬似的なアナログ信号として使用することが可能です。マイコンの中には、任意のデューティ比のPWM信号を出力可能なものが多くあります。デューティ比を変化させることにより、モータの回転速度やLEDの明るさなどを制御することが可能です。

　LEDの明るさを制御する場合の構成について、図3.46に例を示します。デューティ比が高ければ高いほど、Highになっている時間が長くなり、LEDは明るく光ります。

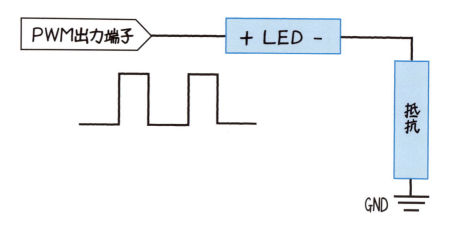

図3.46　PWM方式でLEDの明るさを制御する

3.6 ハードウェアプロトタイピング

3.6.1 プロトタイピングの重要性

　プロトタイピングとは、製品を設計／開発する過程で、机上での検討だけでなく実際に動作する試作版（＝プロトタイプ）を繰り返し作成し、フィードバックを得ながら製品仕様の詳細化を進めるという開発プロセスです。

　これは、ソフトウェア開発、ハードウェア開発の両方に共通することですが、プロジェクトの初期段階において、製品の仕様が明確になっていることはほとんどありません。開発に関わるすべての人は、マーケティング、ヒアリング、ディスカッションなどを通して、課題／ニーズの分析と製品イメージの詳細化を行なっていきますが、その過程でさまざまな問題が発生します（図3.47）。

図3.47　設計／開発段階での悩みの種

　たとえば、開発者は市場の特性や業務に関する理解度が不足しがちです。ユーザの課題を正しく把握することは非常に難しく、「現在持っている技術でできそうなこと」をベースに開発を行なっていくと、市場ニーズやユーザからの要望に対して価値の無いプロダクトを作ってしまうこともあります。また、ユーザに対してコミットしたい目標仕様に対して、設計段階で技術的な手段が明確にならないケースもたびたび発生します。このような場合、開発者は後々の工程に大きなリスクを抱えることになります。開発側は顧客に対して「できる」「できない」「できるがコストがかかる」といった判断基準を与えながら、製品のあるべきカタチを詳細化していこうとしますが、それを具体的にどのような形で表現するか、ということは開発者の尽きない悩みの1つといえます。

プロトタイピングは、これらの課題を解決するための手法の1つであり、製品の機能や要素の一部を試作し、これに対して開発者／ユーザがそれぞれフィードバックを行ないます。もちろん、両者は立場が異なるので、得られる情報はまったく異なります（図3.48）。

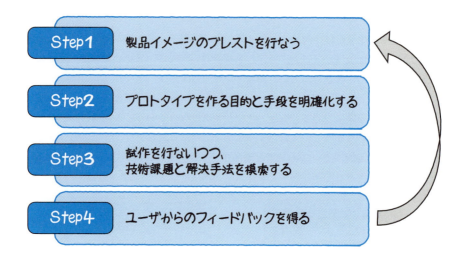

図3.48　プロトタイピングのプロセス

　まず、開発者側は、製品を作りながらその動作を確認し、自身の設計に対して製品が想定したとおりに動作するかをデバッグしていきます。試作の過程で発見した新たな課題や、検討が漏れていたポイントをリストアップするとともに、その解決策を検討していきます。実際の製品開発に入る前にこういった検討を行なうことによって、先ほど述べたような開発工程でのリスクを減らすほか、試作した成果の一部を使うことで開発期間を短縮化させることが可能です。
　一方、ユーザは机上での説明と比較して、実際にプロトタイプを手にすることでさまざまな気づきを得ることができます。新規性の高い製品ほどこの効果は大きく、ユーザからのフィードバックは開発者側が意識してこなかった観点や課題を浮き彫りにしてくれることがしばしばあります。そういう意味では、プロトタイピングは開発者、ユーザ、市場との間を取り持つ一種のコミュニケーションツールといえます。

3.6.2 ハードウェアプロトタイピングの心得

プロトタイピングを行なう際の心得を2つ紹介します。

1つめの心得は、プロトタイピングの目的を明確化することです（図3.49）。プロトタイピングはアイデア創出という名目で行なわれることも多く、目的が不明確だと形にならないまま発散してしまうことがしばしばあります。作りながら考えるということも重要ですが、一度のプロトタイピングで検証する項目はできるだけ絞り込み、それを実現する最小限の構成を形にすることを意識しましょう。デザインの検証なのか、技術検証なのか、機能検証なのか。目的によってプロトタイプの形は微妙に違ってくるはずです。一度にこれらをすべて検証するのではなく、まずは個々の目的に特化したプロトタイプを作成し、それぞれの制約条件を明確にしていきましょう。

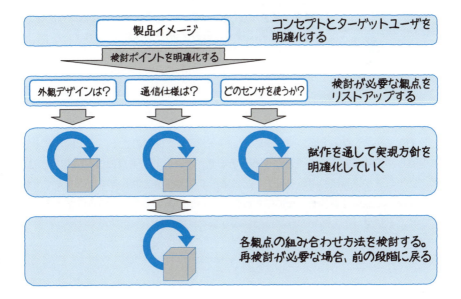

図3.49 プロトタイピングにおける目的の明確化

2つめの心得は、スピードとコストを強く意識することです。ソフトウェアの開発と比較して、ハードウェア開発にはお金も時間もかかります（図3.50）。1つの機能を実装するのにいちいちいくつかのパーツが必要で、それらを手に入れるための時間と手間を計算する必要があります。パーツの故障などもしばしば発生し、その際の復旧作業にも大きな手間がかかります。また、評価の過程で仕様変更が必要となった場合、

製品サイズやケースデザインなども再度検討しなければいけないケースも多く、再設計／再開発に大きなコストがかかります。計画に余裕を持たせたタイムマネジメントを行なうとともに、限られたリソースで目標を達成する最小限の構成を捻り出すことに注力しましょう。

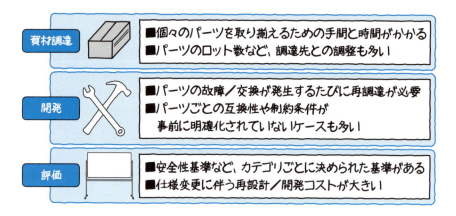

図3.50　ハードウェア開発のコスト

　IoTデバイス開発においては、併行してアプリケーションの開発も走ることも多いでしょう。ソフトウェア側の開発者には、ハードウェア開発のこういった特性を十分に理解し、柔軟に対応することが求められます。また、ハードウェア側の担当者は、アプリケーション開発の過程で発生したさまざまな要件をプロトタイプにうまく反映させながら、素早くイメージを形にすることを心がけましょう。この歯車をうまく回すことこそがデバイス開発の成功につながります（図3.51）。

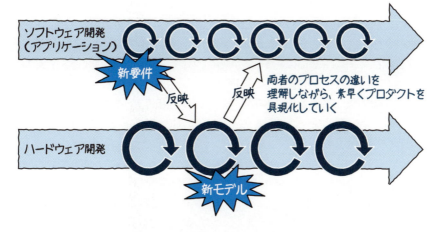

図3.51　アプリケーションとハードウェアの最適な統合

3.6.3　ハードウェアプロトタイピングの道具

　ハードウェアプロトタイピングに必要な道具をいくつかご紹介しましょう。

　まず、プロトタイピングには容易にプログラムを書き換えながら検証を行なうことのできるマイコンボードが必要です。基本的には今回紹介したボードの中からどれを選んでいただいても問題ありませんが、素早く、手軽に作ることが可能か、ということが判断基準となってきます。その観点から考えると、初学習者のみなさんには2つのボードをおすすめします。

　まずはArduinoです。標準的な構成のArduino UNOにはEthernetのポートはありませんが、シールドと組み合わせることで手早くネットワークインタフェースを付加することも可能です。無線通信を実装したい場合、Wi-FiシールドやXBeeシールドなどを使用してください。

　また、Arduino互換ボードを持つIntel Edisonも、基本的には同様の使い方が可能です。Wi-Fiが標準搭載されているという点において、こちらのほうがIoTデバイスのプロトタイピングには向いているでしょう。Arduinoと比較すると本体価格は少し割高ですが、シールドを購入する必要が無いため、トータルではあまりコストは変わらないでしょう。必要なものがすべて揃っているということはプロトタイピングを行なううえで非常に重要なことですね。

　さらに、これらのマイコンボードに接続する電子回路の作成に役立つのが、ブレッ

ドボードです。電子回路製作に抵抗がある方にその理由を問うと、「基盤のはんだ付けが難しそうだから」といわれることが少なくありません。ご安心ください。ブレッドボードを使えば、まったくはんだ付けをせずに回路制作を行なうことが可能です。

ブレッドボードは、表面に無数の穴が並んでおり、ここに素子を挿し込んで回路を作ります。それぞれの穴は図3.52に示す線のように内部でつながっています。ジャンパー線（導線）と組み合わせて使うと、すぐに回路を組み上げることが可能です。両サイドの穴は電源を接続します。また、中央の溝はICを差し込むのにちょうど良い配置になっています。

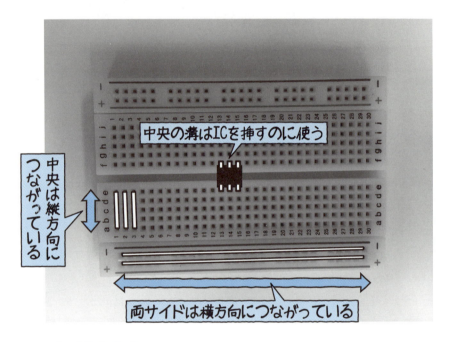

図3.52　ブレッドボードの使い方

はんだ付けの得意不得意にかかわらず、プロトタイピングの初期においてはブレッドボードを使用することがほとんどです。一度ブレッドボード上で回路を組んでみて、動作検証を十分に行なってから実際に基板上に実装していきます。センサやアクチュエータの動作確認など、製品の性能もこの際にチェックしていきます。必要な構成を先にチェックすることで、できあがりの回路の大きさもグッと小さくなり、動作も安定するはずです。

COLUMN
基板製作に挑戦！

　ブレッドボードは非常に便利なツールですが、その機能を本体に実装した場合、どの程度のサイズになるのか、またその使用感はどうなのか、といったことをチェックするには、実際に基板を作成する必要があるでしょうか。そのための方法は2つあります。

　1つは、ユニバーサル基板と呼ばれる汎用ベース基板に素子をはんだ付けしていく方法です。おそらく、学校での授業や一般的なはんだ付けのイメージはこれでしょう。先ほどのジャンパー線の代わりにスズメッキ線やビニール被覆導線を使い、素子の間を結んでいきます。作成する基板の枚数が少ない場合、この方法は非常に手軽ですが、枚数が増えるにつれて手間がかかってしまうのが悩みどころです。

　そしてもう1つは、プリント基板を使用する方法です。プリント基板は基板の表面に穴とそれらの間をつなぐ線のパターンが形成されており、素子を穴に挿しこんではんだで固定するだけで回路ができあがります。同じ基板を何枚も作成しなければいけない場合、こちらのほうが制作は簡単です。

　プリント基板の作成は、以下のフローに従って進められます。

①基板の配線パターンを設計する
②設計通りに基板を加工する

　まず、配線パターンの作成には専用のCADソフトが必要です。EAGLEは、電子回路設計用の優れたソフトウェアで、多くの開発者が使用しています。回路図を作成すると、配線パターンをある程度自動的に作成してくれます。外国製のソフトウェアなので、最初は戸惑うかもしれませんが、Web上にも多く情報が載っているので、初心者も使用することが可能です。

　初心者にとってハードルが高いのは、②の基板の作成を行なうフェーズでしょう。プリント基板の作成方法としては、基板を削る方法と基板の表面を溶かす方法（エッチング）があります。いずれもいくつか道具を揃える必要があり、一部薬品などを使用する必要があります。さすがに尻込みしてしまいますね。私がおすすめする最も簡単な方法は、この工程を外注してしまうということです。実は、①で作成したCADデータを送れば、プリント基板を作成してくれるという業者が数多く存在します（業者ごとにサイズや枚数の制限があるため、注意してください）。ある程度まとまった数の基板を作成する必要がある場合は、このような方法を検討するのも良いでしょう。

3.6.4 プロトタイピングを終えて

　プロトタイピングを行ない、製品のイメージが明確になった段階で、次のステップへと進みましょう。つまり、製品化に向けた検討です。プロトタイピングを通して得られたさまざまな知見をもとに、1つの製品としてまとめ上げていきます（図3.53）。

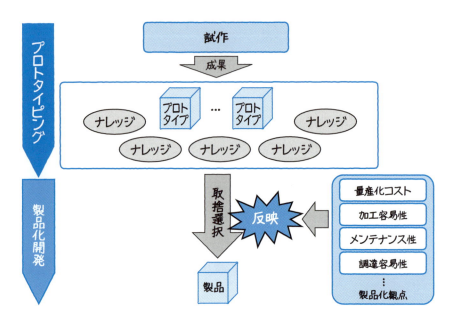

図3.53　プロトタイピング後の開発の流れ

　機能仕様はもちろんのこと、部品コスト、加工コスト、メンテナンス性など、多角的な視点から設計を検証することが必要です。量産化に向けた検討も併せて、製造を行なう工場も含めて議論を行なっていきます。

　また、IoTデバイスの場合、無線通信を使用することが多いため、技適マークの取得が必要なケースが多くあります。取得には時間もかかるため、設計を行なう段階で取得の条件やスケジュールを確認していく必要があるでしょう。

　効果的にプロトタイピングを活用することができれば、このような具体的な設計を行なう段階では、条件や基準が網羅的に明文化されているはずです。ハードウェア開発を成功させる大きなカギとして、プロトタイピングの重要性を実感していただけたのではないでしょうか。

第4章

高度なセンシング技術

4.1 拡張するセンサの世界

これまでの章では、「センサは温度や湿度といった単純なデータを取得する電子分部品」というイメージで説明してきました。たしかに温度センサや加速度センサなどは、単純なデータを取得する小さな部品であり、スマートフォンなどの電子機器を構成する要素の1つとしてとらえることができます。

しかし、部品の小型化や高性能な小型プロセッサの登場により、これまでデータとして扱うことが難しかった情報を簡単に取得できる高度な能力を備えたセンサが登場しています。このようなセンサは部品というより、狭義での「デバイス」や複数の要素が複雑に連携する「システム」といった形で提供されます（図4.1）。この章ではそういった新しい高機能なセンサに触れていくことにします。

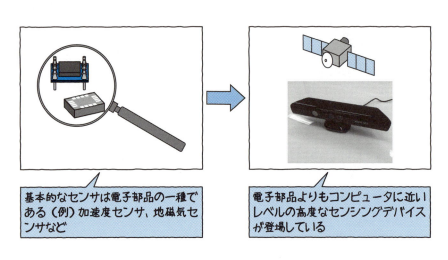

図4.1 電子部品としてのセンサと高機能なセンサ

4.2 高度なセンシングデバイス

まずはセンシングするための「デバイス」です。

ここまで見てきたように、センサを使うことで人や環境などの情報を取得するデバイスを作ることができます。たとえば、第3章ではマイコンの使用例として冷蔵庫に登場してもらいました。単純に冷却機とファンを動かすだけでなく、温度センサが取得した情報に基づいて制御を行なえば温度の設定が可能になります。用途によっては設定温度を変更できますし、節電にも効果がありそうです。

では、「高度なセンシングデバイス」とはなんでしょう。それは、複数のセンサやプロセッサを組み合わせ、より複雑な情報を獲得できるようにした新しいタイプのセンサなのです。センサは、もはや1つの電子部品ではなく、高度な情報取得能力を持ち、いっそう便利なものになっています。しかし、このような高度なセンシングデバイスを利用するにあたっては注意しなければならないことがあります。それは、センサが高度化したことで「必要以上に情報がとれてしまう」可能性があるためです（図4.2）。

図4.2　高度なセンサは強力だが、副次的な問題点にも気を使う必要がある

加速度センサを搭載したスマートフォンが人の動きを検知する仕組みや、オフィスやデパートでトイレの電気が自動で点灯／消灯する仕組みがあります。

このように単純なセンサで必要最低限の情報を取得することは、センサを活用したシステムの設計として非常にスマートであるといえます。少ない情報で目的が達成する方法を見つければ、大量のセンサや高度な処理を行なうコンピュータも不要になりますし、不用意にプライバシーを侵害する可能性も少なくなるからです。

このようなことから、高度なセンシングデバイスを活用する場合には、どんな情報が「意図せずに獲得できてしまうのか？」まで考える必要があるのです。

少々ネガティブな面を述べましたが、高度なセンシングデバイスはセンサよりも多くの情報をセンシングできます。そのため、これまでのセンサだけでは実現できなかったサービスを実現でき、非常に魅力的です。日々進化しているセンシングデバイスが私たちの生活を豊かにしてくれることは間違いありません。それでは、代表的なセンシングデバイスを見ていきましょう。

4.2.1 RGB-D センサ

人や物までの距離を測ることができたら、便利なサービスができそうです。部屋や家具のサイズを自動的に測って配置まで考えてくれたら、新しい家具を買うのに迷うことはなくなるでしょう。キッチンに入ると自動的に明かりがついて、いつの間にかリビングの照明が消えている、というのも便利そうです。これまではこのようなことをセンサで実現するには多くの苦労を要しました。

通常、物の位置を取得するためには距離センサを利用して取得します。しかし、距離センサではある1点の距離情報を取得するだけです。また、計測した先にあるのが物なのか人なのかを判別できません。普通のカメラと画像処理を組み合わせれば不可能ではありませんが、基本的に撮影した情報には距離の情報は含まれていません。そのため、この2つを同時に実現することは非常に困難でした。しかし近年では、この課題を達成するために、RGB-Dセンサと呼ばれるセンシングデバイスの活用が広まってきました（図4.3）。

図4.3 RGB-Dセンサで取得した画像は各ピクセルに距離データが含まれる

　「RGB」とは、赤（Red）、緑（Green）、青（Blue）の頭文字からなる略語です。この3色をベースとしてさまざまな色を表現できます。コンピュータなどで色を表現する場合に広く使われているもので、RGBカラーモデルと呼ばれています。最近ではパソコン用の図形描写などをするアプリケーションでは「R」「G」「B」の3つのパラメータによって色味を調整する方法が一般的です。

　では、RGB-Dとはなんでしょうか。「RGB」は先ほどの説明のとおり3つの原色を示し、最後の「D」は深度（Depth）の頭文字をとったものです。深度というのは少々わかりにくい表現ですが、「センサから、センサがとらえた物体までの距離」と考えてください。ビットマップ形式などの従来の画像データは、多くの場合、すべてのピクセルについて色情報を持っています。RGB-Dは、そこに距離の情報も含めたものです。つまり、RGB-Dセンサとは、従来のカメラの機能に加えて、写っている物体までの距離も計測可能なデバイスということになります。

　第3章で距離センサの仕組みを説明しましたね。RGB-Dセンサは、この距離センサとカメラを組み合わせた強化版だと考えてください。RGB-Dセンサを実現する方法は、いくつかあります。ここでは、RGB-Dセンサに使われる一般的な仕組みと、その特徴について説明していきます。

● ステレオカメラ

　カメラを使って撮影した物体までの距離を計測する技術の研究は、古くから行なわれていました。その中でもステレオカメラは最も歴史の長い技術です。フィルムタイプのステレオカメラもありますし、コンピュータにつないで使うタイプのものもあります。どちらも図4.4のように2つのレンズを持っており、人間の目と同様、両眼視差（右目と左目の見え方の違い）を利用して距離をとらえています。

図4.4　ステレオカメラの概観

　人間は空間を立体的に認識するために、2つの目がとらえた画像のズレを利用していることが知られています。一般的なステレオカメラもこれと似たような原理を利用しています。ここではその原理を確認しながらステレオカメラの仕組みについて考えていきましょう。

　図4.5を見てください。みなさんが両目で物体を見るとき、左右の目がとらえる映像はわずかに異なっています。それは、右目と左目の間に数cmの位置のズレがあるからです。このズレから、物体を立体としてとらえるのに必要な情報を獲得できます。私たちの脳の中では、2つの微妙に異なる位置からとらえた映像が合成され、立体的な映像として処理されるのです。

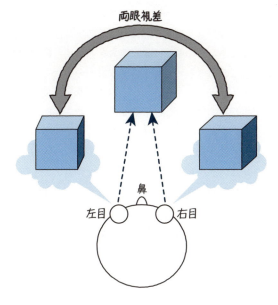

図4.5 両目がとらえた異なる映像は脳の中で合成される

奥行きはどのようにして感じとるのでしょうか。遠くにある物体と近くにある物体をとらえるとき、私たちの目にはなにが起こっているのでしょう（図4.6）。

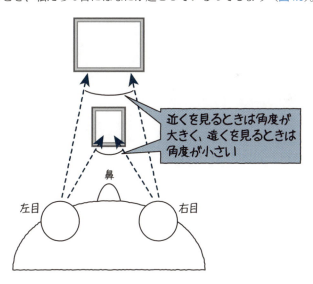

図4.6 遠くと近くを見るときでは視線が作る角度が異なる

遠くの物体を見ているときと近くの物体を見ているときでは、両目の視線で作られる角（輻輳角）の大きさが異なります。遠ければその角度は小さく、近ければ大きくなるのです。このように私たちの脳は映像にそれをとらえた目の動きの情報を加味することで、遠近感を感じとることができるのです。

　これに対して、ステレオカメラでは2つのカメラの角度は通常固定されています。左右のカメラで撮影された画像のズレを計測することで、撮影した画像中の距離を算出しています（図4.7）。まず、片方のカメラで撮影された画像を細かい画像に分割します。次に画像処理の手法を利用し、分割された画像がもう片方のカメラで撮影した画像のどの部分にあたるのか調査します。このようにすることで、画像のある部分が、もう片方のカメラのどの部分になるのかを知ることができます。同じ場所を撮影したはずですが、撮影したカメラの位置が異なるためわずかにズレが生じます。このズレから幾何学的な計算を行なうことで、画像中の距離を算出できます。また、分割した画像それぞれに同じ処理を繰り返すことで、画像上の任意の点すべての距離を計算し、画像全体の距離分布を作ることができます。

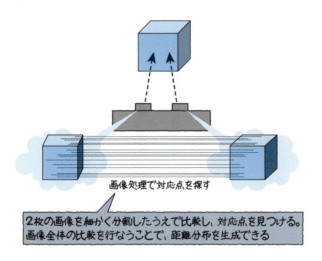

図4.7　ステレオカメラの仕組み

　ステレオカメラは、2台のカメラを利用して距離を計算します。基本的には両方のカメラに写っている場所であれば計測できます。ただし、2つの画像間で同じ模様がいっぱいあったり、透明なガラスなど、画像に映らない箇所があればその距離を測ることはできません。また、距離の測定精度を上げるためには、2つのカメラの距離の関係や、カメラ自身の仕様をもとにパラメータを決める必要があります。

なお、ステレオカメラを用いた距離計測は、技術的に成熟しているためか、近年の自動車に搭載されているアシスト機能（先行車に近づきすぎると自動的に減速するなど）に採用されているケースもあるようです。

◉ドットパターン判定方式

ステレオカメラは2台のカメラを利用する方法でしたが、カメラ1台で距離を測定できる方法があります。それがドットパターン判定方式です。ドットパターン判定方式は、目印となるドットパターンと呼ばれる模様を複数投影し、その変化を見ることで物体の奥行き関係を検出する方法です。

ドットパターン判定方式そのものはRGB-Dセンサではなく、奥行き（D）のみを検出する技術です。しかし、撮影にカメラを利用するため、画像と組み合わせることができます。図4.8を見てください。ドットパターン判定方式を用いるには、ドット投影部、ドット認識部、判定装置の3つの構成要素が必要となります。通常はこれらのモジュールを1つのデバイスにまとめた形で販売しているので、扱いは難しくありません。

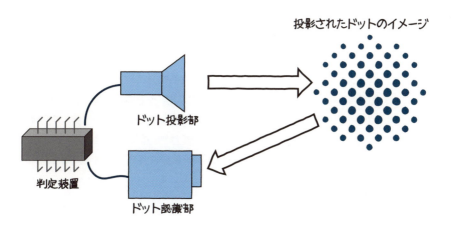

図4.8　ドットパターン判定方式の構成要素

ドットパターン判定方式の原理を見ていきましょう。

まず、ドット投影部が発光し、計測対象に対してドットパターンを映し出します。通常このドットの投影には赤外線が使われるので、私たちが肉眼で見ることはできません。図4.9の左側では、投影されたドットパターンのイメージを示しています。このように物体（たとえば部屋の壁）にドットパターンが投影されると、ドット認識部

はそれを検出します。ドット認識部には、通常は赤外線を検出できるカメラモジュールが利用されます。このとき、投影したドットパターンを撮影すると平面上に映し出されているため、ドットパターンにゆがみなどなく認識されます。

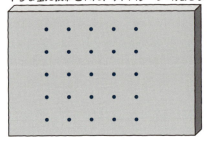
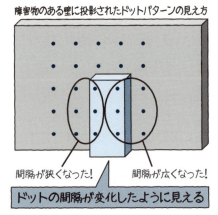

図4.9　ドットパターン判定方式の原理

　ここで、図4.9の右側のように壁の前になにか物体を置いておきます。このようにすることで、ドットパターンを投影した場所に奥行きに変化が発生します。今度は認識されたパターンに変化が現われました。物体がある部分のみドットが近くに投影されるため、投影部の隣にあるドット認識部から見るとドット間の距離が変わってしまうのです。つまりドットパターン判定方式でも視差を利用しているのです。ドットを投影するモジュールとドットを認識するモジュールは別の部品のため、設置位置がずれることになります、（私たちの右目と左目が同じ位置に存在できないことと同じです）。そのため、壁の前に置かれた物体の距離に応じてドットの位置が左右にずれることになります。

　ドットパターン判定方式では認識するためのカメラは1つしかありませんが、判定装置はもとのドットパターンを記憶しています。そのため、想定されるパターンとの差を見つけることによって、物体の奥行きの関係を判定できます。

　なお、ドットパターン判定方式はステレオカメラと同様に、透明なガラスなどがあると正しく距離を判定できません。しかし、赤外線のドットパターンがわかる箇所であれば同じような模様がある場所でも距離を測ることができます。

●TOF（Time of Flight）

　RGB-Dデバイスの仕組みで最後に紹介するのはTOF（Time of Flight）と呼ばれる方式です。直訳すると「飛行時間」。原理もまさにそのとおりで、光を発射し、反射して帰ってくるまでの時間から距離を求める方法です。

　これまでにご説明したステレオカメラやドットパターン判定方式は、外乱（制御を乱す外的な作用——太陽光や照明、影など）に影響を受けやすいという難点がありました。そのため、屋外で用いるには課題があり、基本的には屋内での利用が前提となる製品が多くなっています。しかし、TOF方式は外乱に強いうえ精度も高く、今一番注目されている方式のRGB-Dセンサです。

　TOF方式の原理は非常にわかりやすいものです。しかし、原理を説明することと、それを実現するデバイスを開発することとはまったく別の話。このようなすばらしいデバイスが製品化されたのはエンジニアの努力の賜物です。ここでは、その基本となるアイデアを見ていくことにしましょう。

　TOF方式のセンサは特殊なセンサを内蔵したカメラ部と発光部に分かれます。カメラ部は通常のデジタルカメラと同じようにレンズの奥に受光素子を持っています。この素子が光を受けることによって画像の各ドットが何色なのか記憶し、1つの写真が構築されるというわけです。通常のデジタルカメラであればそれでおしまいですが、TOF方式の場合、それに加えて各ドットに距離の情報が追加されます。

　距離の情報を得るためには、光が反射して戻ってくるまでの飛行時間（Time of Flight）を調べます。すなわち、発光部が光を放った瞬間から受光素子の各ドットが光をキャッチするまでの時間を計れば、各受光素子がどれくらいの距離にある物体を写しているのか判定できます（図4.10）。実際に光の反射時間を計測するには発射した光と受け取った光の位相差（2つの波動の差）を調べることになりますが、考え方に違いはありません。

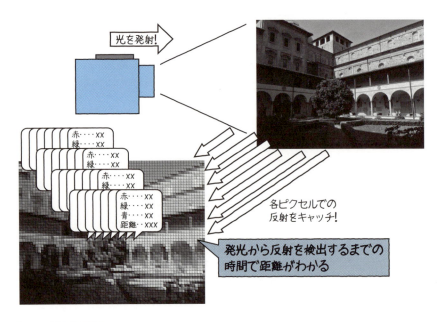

図4.10　TOF方式の原理

なお、TOF方式にはこの他にも超音波を利用したものなどがあります。超音波の場合は光と違い、透明なガラスなども距離を測ることができます。

4.2.2　ナチュラルユーザインタフェース（NUI）

RGB-Dセンサは、どのような用途に利用されているのでしょうか。

最も広く普及しているRGB-Dセンサの利用用途は、ナチュラルユーザインタフェースと呼ばれる種類のデバイスです。ナチュラルユーザインタフェースは、人間のジェスチャーや音声を利用したユーザインタフェースという意味で、NUI（Natural User Interface）と表記されます。NUIを実現するうえでRGB-Dセンサの技術が多く利用されています。ここではその中から主要なものを紹介しましょう。

●Microsoft Kinect

現在さまざまなメーカーからRGB-Dセンサが発売されています。中でも最も有名な製品がMicrosoft社の「Xbox 360 Kinect センサー（以下、Kinect）」です（図4.11）。

図4.11　Xbox 360 Kinectセンサー

　KinectはMicrosoft社のゲーム機「Xbox 360」のコントローラの一種として登場した、RGB-Dセンサブームの火付け役となった製品です。ユーザの体全体を使ったジェスチャーの認識や音声認識の機能を備え、従来の「ビデオゲームは両手でコントローラを持ってプレイする」という常識を覆すものでした。

　これまでもダンスゲーム用のマット型コントローラなど手を使わないコントローラは存在していましたが、物理的にコントローラに触れる必要がないという点でこれまでのコントローラと一線を画すものといえるでしょう。正確な情報は公開されていませんが、初代Kinectはその内部にPrimeSense社のセンサモジュールを内蔵しており、3次元の空間認識にはドットパターン判定方式を活用しています。

　後継機種の「Xbox One Kinectセンサー」ではTOF方式を採用していますが、Kinectのすごさは距離計測ではありません。Kinectは、距離画像中から人の位置と姿勢を検出できます。従来のマット型コントローラを使ったゲームでは、手の位置を判定できませんでしたが、Kinectでは両手、両足の位置まで活用するゲームを作ることができるようになりました。Kinectのセンシング技術の詳細は未公開のため詳しい仕組みについては紹介できませんが、今後こうしたより直感的なセンサが登場するでしょう。期待が膨らみますね。

⦿Leap Motion Controller

　Kinectの登場は、これまでのセンサの常識を覆すインパクトがありました。そして、その新しいセンサ時代の到来を決定づけたのが、この「Leap Motion Controller（以下、Leap）」です。LeapはLeap Motion社が2012年に発表した小型のユーザインタフェースデバイスです。外見は長辺が約8cmの直方体です（図4.12）。

図4.12　Leap

　Leapを机に置くと、上方半径50cm程度の範囲において人の指の動きを高速かつ精密に追跡します。その精度は最大で0.01mmとされています（図4.13）。

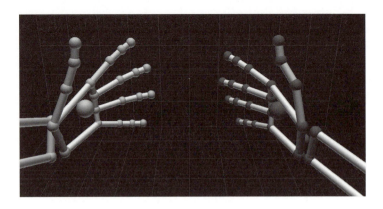

図4.13　Leapでとらえた両手

Leapではどのように指の動きをとらえているのでしょうか。

Leapは本体から照射された赤外線の光とその光の反射をとらえる2つのカメラを搭載しています（図4.14）。つまり、赤外線で人の手をとらえ、ステレオカメラと同様の原理で人の手をとらえています。また、撮影に赤外線を利用しているため、デバイスの上から降り注ぐ部屋の照明などの外乱に対して非常に堅牢な仕組みになっています。

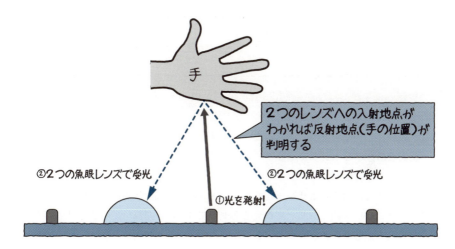

図4.14　Leapの原理

ここで紹介したジェスチャー認識を行なうNUIは簡単に人の動きを認識できます。また、KinectはRGB-Dセンサとしても扱いやすく入手性も良いため、実験目的の利用にもおすすめできます。

4.3 高度なセンシングシステム

　ここまでで、センサは必ずしも1つの電子部品ではなく、「デバイスとしてのセンサ」も存在することがわかりましたね。しかし、現代のセンサはそのレベルにとどまりません。複数の装置が連携することによって情報を取得する仕組み、すなわち「システムとしてのセンサ」も存在するのです。

4.3.1 衛星測位システム

　「測位」とは、位置を測定することです。「衛星測位システム」と呼ぶと堅苦しく難しい気がしますが、みなさんもGPS（Global Positioning System）という言葉は聞いたことがあるでしょう。GPSはカーナビやスマートフォンでも利用されており、エンジニア以外にも抜群の知名度を誇るセンサです。そしてまた、GPSが人工衛星を利用して位置を計測するセンサであることもご存知でしょう。

　電子部品としてのセンサの話をしていたら、いつの間にか宇宙規模のセンサが登場してしまいました。ここでは、そんなロマンあふれるGPSの仕組みについて考えていきましょう。宇宙規模と聞くと身構えてしまいますが、GPS測位の基本原理は中学校レベルの数学の知識があれば理解できるので心配はいりません。

◉GPSの構成要素

　早速GPSの原理に触れたいところですが、まずはシステムの構成要素を理解しておきましょう。構成要素を理解することはシステムの動きを理解するうえで非常に重要です。図4.15を見てください。

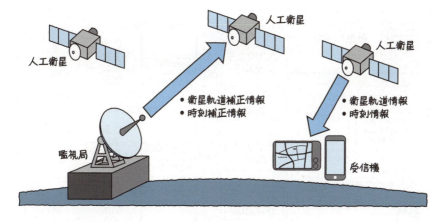

図4.15　GPSの構成要素

　まず、みなさんがGPSの力を借りるには、専用の「受信機」が必要です。受信機は機能に応じてさまざまなサイズ／価格のものが存在します。スマートフォンに使われている小さなものや、精密な土地の測量を行なうために必要な機能を内蔵したものまでさまざまです。受信機は電波を受けるものなので、さらにアンテナと電波を解析する装置に分解できます。ここではそこまで細かく踏み込みませんが、受信機には現在の時刻がわかる「時計」が内蔵されていることをおぼえておいてください。

　次に、「人工衛星」そのものが挙げられます。GPSでは常時24基以上の人工衛星が地球を取り囲むように周回しています（図4.16）。基本となる軌道上を24基が担っていますが、実際にはGPS用の人工衛星は30基前後が運用されており、25基目以降は信頼性と精度の向上に役立てられています。

図4.16　地球を周回するGPS人工衛星

そして忘れてはならないのが、地上から衛星の状態を監視する「監視局」です。監視局はGPSの重要な構成要素の1つで、衛星の時刻のズレの修正や軌道の確認を行なっています。GPSはもともとアメリカ政府が軍事目的で整備したものであり、現在もアメリカ軍によって運用されています。

それではGPSの原理を見ていきましょう。まず、図4.17のような状況をイメージしてください。

図4.17　障害物のない理想的な空間でGPS受信機を持っていたら

あなたは今、草原の中に立っています。まわりにビルは一切ありません。いつものオフィス街の喧騒から離れ、とても気持ちがいいですね。夜になったら綺麗な星空が見えそうです。そしてあなたはGPSの「受信機」を持っています。この受信機を使って自分の位置を調べてみることにしましょう。

受信機を起動すると、受信機は衛星が発している電波を受信しはじめます。誤解しやすいポイントですが、GPSの受信機はあくまでも衛星からの電波を受信するにすぎません。受信機から衛星などに対してなんらかの情報を送信するものではないことに注意してください。そのため、GPSの利用者が増えても処理能力に限界が来ることはありません。

地球の周囲を24基のGPS用人工衛星が周回していたとすると、半数は地球の裏側を飛んでいると考えられます。また、残りの12基のうち半数程度は地平線ギリギリの

ところを飛んでいるかもしれませんし、森の向こう側かもしれません。このようにして、通常観測できる人工衛星の数は多くて6基程度です。

ところで、この衛星が送信している電波にはどんな情報が含まれているのでしょうか。携帯電話やWi-Fiと同じように、GPSの人工衛星が送信する電波にも意図的に生成されたデータが含まれています。特に重要なのは、以下の2つの情報です。

- 電波を発信した正確な時刻
- 宇宙空間における衛星の位置

1つ目の正確な時刻——これはまさしくGPSの最重要要素です。時刻合わせを自動的に行なってくれる「電波時計」はすでに一般的になっていますが、最近ではさらに利便性を高めた「GPS電波時計」なるものまで販売されています。このような製品が実現できるのは、GPS用人工衛星が極めて正確な時計である「原子時計」を搭載しているからです。ここでは原子時計の詳しい説明は割愛しますが、世界一時刻が狂いにくいタイプの時計だと考えてください。

2つ目の衛星の位置——これは少々イメージしにくいかもしれません。先ほどGPSの構成要素を説明した中で、監視局というものが登場しました。監視局の役割をおぼえていますか。監視局は衛星の軌道をチェックする役割を持っています。もっと詳しくいえば、衛星の位置を計算し、その情報を衛星へインプットしています。ここではわかりやすく、宇宙空間の中で（x, y, z）の座標系で表現される位置だと考えてください。宇宙空間の中で自分がどこにいるのか、衛星は電波を使って送ってくるのです。

これでようやく必要な情報が出揃いました。それでは計算方法を見ていきましょう。

●GPSによる測位方法

GPS測位の計算は、一言で表わせば「球の交点を探す」という作業です。まずは球ではなく、円でイメージをつかんでみましょう。先ほどの草原へ戻ってください。

今、あなたの持っている受信機が衛星からの電波を受信しました。もちろん、人工衛星を肉眼で見つけることは困難です。しかし、人工衛星がどれくらいの離れた軌道にあるのか、見当をつけることができます。なぜでしょうか。みなさん、GPS受信機の中に「時計」が入っていることを思い出してください。そして、人工衛星からの電波にはどんな情報が入っていたでしょうか。電波には「電波を発信した正確な時刻」が入っています。つまり、受信機は「衛星からの電波がどれくらいの時間をかけて飛んできたのか」を知っているのです。時間に速さを掛ければ距離が求まるため、受信機は電波の伝播速度（光速：2.99792458×10^8 m/s）を用いることによって受信

と衛星間の距離を求めることができることになります。

これであなたと受信機の位置は「衛星を中心として描いた円周上のどこか」まで絞ることができました（図4.18）。

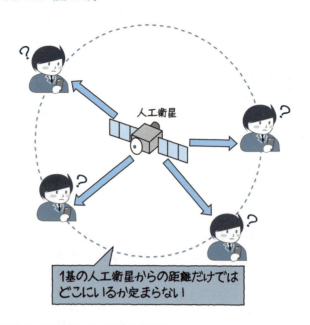

図4.18　1基の人工衛星からの距離だけでは候補は無数にある

もちろん、これだけでは位置を特定したことにはなりません。みなさんがスマートフォンの地図アプリやカーナビとともに活用しているGPSは、「線上のどこか」ではなく、はっきりと（誤差はあるものの）1点を示してくれます。ここで、「球の交点」というアイデアが必要となってきます。先ほど考えていたのは1つの衛星からの電波を受信したケースです。しかし、実際には地球のまわりを24基のGPS用人工衛星が囲んでいることは先に説明したとおりです。今、受信機が2つの衛星からの電波を受信したとします。すると図4.19のようになります。

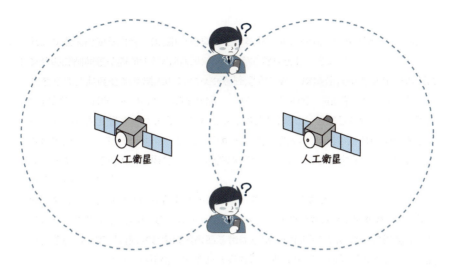

図4.19　複数の衛星からの距離がわかれば候補が絞られる（2次元平面）

　2つの人工衛星から受信機までの距離は違うことが予想されるため、円の大きさ（半径）は異なります。それぞれの円周があなた（受信機）が存在する可能性のある場所です。当然、あなたが実際いる位置は2つの円周の交点ということになります。交点が2つの場合でも、片方の交点は地球から見て人工衛星の反対側にあるため、どちらが正しい現在地なのか判断するのは難しくありません。
　ここまでは2次元平面上で考えてきました。実際はこれが3次元空間になりますが、考え方は同じです（図4.20）。

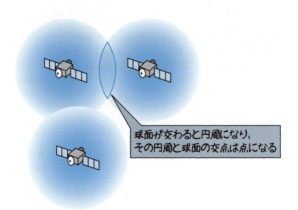

図4.20　3次元で考えると、3基の衛星からの距離がわかれば候補は2つになる

人工衛星から見て受信機の位置は、球面のどこかにいると推測されます。その領域は人工衛星を2基用いると球と球が交わる円に絞られ、さらに人工衛星を1基追加すれば円周と球面の交点となり、可能性は2箇所に絞り込まれます。平面の例と同様に、片方の点は衛星の反対側にあるので、どちらの交点が受信機の位置か判断できます。

　さて、ここまで2次元、3次元と段階的に話を進めてきました。次は「実世界」における計算を考えてみましょう。「えっ!?　3次元の話がそのまま使えないの？」と思った方もいるかもしれません。もちろん、私たちの世界は3次元です。しかし、ここまでの説明で省略してきた部分があります。それは、「受信機内部の時計の誤差」です。ここで次のことを思い出してください。

- GPS受信機は内部に時計が内蔵されている
- 人工衛星には「原子時計」という極めて高精度な時計が内蔵されている
- 地上の監視局は人工衛星の時計の誤差を修正している

　ここに受信機と衛星の大きな違いがあります。人工衛星側の時計は常に正確な時刻を示していることになりますが、受信機の時計はそうではないのです（図4.21）。

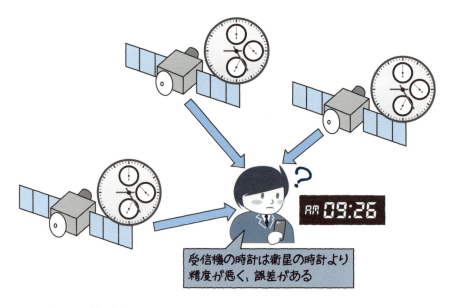

図4.21　衛星と受信機の時計の誤差

ここまでのまとめも兼ねて、数式で考えてみることにしましょう。少し難しく感じるかもしれませんが、中学レベルの数学の知識があれば十分読み解ける内容です。GPSの仕組みを理解するためには重要なので、じっくり考えてください。

　では今一度、草原に戻ってみましょう。図4.22のようにあなたは受信機を持って草原の位置Oに立っています。そして今、4基の人工衛星A、B、C、Dが上空の軌道を回っているとします。

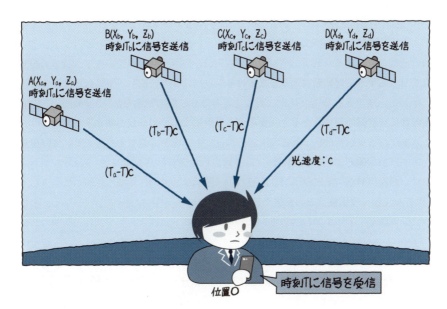

図4.22　受信機の位置を求めるための計算式

　このとき、GPSを用いてあなたが立っている座標$O(X_o, Y_o, Z_o)$を求めたいわけですね。文字ばかりの式になるので、未知の値と既知の値を区別していきましょう。

　4基の人工衛星の位置は既知です。これは監視局が常に人工衛星の軌道を把握し、修正を行なっているからでしたね。つまり、4基の人工衛星の位置である、

$A(X_a, Y_a, Z_a)$
$B(X_b, Y_b, Z_b)$
$C(X_c, Y_c, Z_c)$
$D(X_d, Y_d, Z_d)$

はすべて既知の値となります。

　他に既知の値はあるでしょうか。受信機が電波を受信した時刻と、それぞれの衛星が電波を発した時刻もわかるはずですね。それぞれの時刻を次のように置きます。

受信機が電波を受信した時刻：T
Aが電波を送信した時刻：T_a
Bが電波を送信した時刻：T_b
Cが電波を送信した時刻：T_c
Dが電波を送信した時刻：T_d

これらもすべて既知の値となります。

　そして、送信される電波は光と同じ速さとなります。そのため、光の速さcと、電波の送信／受信時刻がわかると、衛星から受信機までの距離がわかります。

Aから受信機までの距離：$(T_a-T)c$
Bから受信機までの距離：$(T_b-T)c$
Cから受信機までの距離：$(T_c-T)c$
Dから受信機までの距離：$(T_d-T)c$

　ここで、距離を表わす別の方法を考えてみましょう。たとえば、Aから受信機までの距離をAOとすると三平方の定理を用いて次のように表わせます。

$$AO^2 = \{(T_a-T)c\}^2 = (X_a-X_o)^2 + (Y_a-Y_o)^2 + (Z_a-Z_o)^2$$

　ここで求めたい値は、あなたが立っているOの座標（X_o, Y_o, Z_o）の3つのみであることがわかります。数学が得意な方はすぐに、

「そうか！変数が3つだからBとCで同様の式を作って連立方程式を解けばO（X_o, Y_o, Z_o）が求まるぞ！」

と思い浮かぶかもしれません。しかし、ここに落とし穴があります。それが受信機の時計の誤差です。先ほどの式、

Aから受信機までの距離：$(T_a-T)c$
Bから受信機までの距離：$(T_b-T)c$
Cから受信機までの距離：$(T_c-T)c$
Dから受信機までの距離：$(T_d-T)c$

が成り立つためには、T_a、T_b、T_c、T_dとTが同じ時計で計測されている必要があります。T_a、T_b、T_c、T_dを計測している衛星内部の時計は厳密に管理されているため、物理的には別々の時計ですがその時刻は一致していると考えられます。しかし、受信機の時計はそうではありません。受信機が電波を受信した時刻Tとは、あくまでも「受信機の時計が指していた時刻」なのです。

GPS用の衛星は高度20,200Kmの軌道を回っているため、秒速30万Kmの電波を発射すれば1秒以下で受信機まで届くでしょう。極端な例ですが、もし受信機の時計が10秒遅れていたとしたら、受信した電波に含まれるT_a、T_b、T_c、T_dは未来の時刻を指しているはずです。

では、どうすれば良いのでしょうか。

実はこれは単純な問題です。受信機の時計が持つ誤差τを、あらかじめ式に組み込めば良いのです。つまり、受信機が電波を受信した正確な時刻は$T-\tau$と表わされます。これを用いれば受信機と各衛星までの距離は、次のように書き直されます。

$$[\{T_a-(T-\tau)\}c]^2 = (X_a-X_o)^2+(Y_a-Y_o)^2+(Z_a-Z_o)^2$$
$$[\{T_b-(T-\tau)\}c]^2 = (X_b-X_o)^2+(Y_b-Y_o)^2+(Z_b-Z_o)^2$$
$$[\{T_c-(T-\tau)\}c]^2 = (X_c-X_o)^2+(Y_c-Y_o)^2+(Z_c-Z_o)^2$$
$$[\{T_d-(T-\tau)\}c]^2 = (X_d-X_o)^2+(Y_d-Y_o)^2+(Z_d-Z_o)^2$$

なぜ4基の衛星を前提にしたのか、お気づきでしょうか。そうです、現実では未知数はX_o、Y_o、Z_oの3つではなく、誤差τも含めた4つ存在するのです。4つの未知数を求めるためには式も4つ必要となります。そのため、4基の人工衛星と受信機の関係式を準備する必要がありました。この4本の式を連立方程式として解けば、現在の位置Oを求めることができます。

実際に現実世界でGPS受信機が測位を行なうためには、4基の衛星から電波が受信できる環境が必要です。

以上がGPS測位の基本的な計算方法です。一見複雑な宇宙規模のシステムも原理は難しいものではありません。また、GPSのように複数の基準点からの距離を用いて現在の位置を求めるという手法は、なにもGPSに限った話ではありません。正確な時間計測ができることが前提となるため一般的なデバイスで高い精度を得ることは難しいですが、のちほどそのような位置計測技術についても触れていきます。

その前に衛星測位の最近のトレンドについても触れておくことにしましょう。

◉GPSからGNSSへ

　近年、GPSに代わってGNSS（Global Navigation Satellite System）という表現が用いられることが増えてきました。GPS（Global Positioning System）は受信機を持っている人ならだれでもその恩恵にあずかることができます。ただし、GPSとは、あくまでもアメリカが保有する人工衛星を用いた衛星測位システムの名称です。現在では他にもさまざまな衛星測位システムが存在しています。そのようなさまざまな衛星測位システムを総称してGNSSと呼び、その中のアメリカ版がGPSということになります。ちなみに、次項で紹介する準天頂衛星など特定のエリアに限って利用できる衛星測位システムをRNSS（Regional Navigation Satellite System）と呼びます。

　GPS以外に有名なGNSSとしては、ロシアのGLONASSが挙げられます。GLONASSの起源は、ソビエト連邦時代までさかのぼります。GPSと同様、当時のソビエト連邦政府はGLONASSをミサイル誘導などに用いる高精度な位置測位システムと位置づけ、その整備を進めてきました。1990年代には十分な数の人工衛星の打ち上げを終えていたといわれています。その後のソ連崩壊を経てGLONASSの運用はロシア連邦政府へと引き継がれますが、十分な保守を行なうことができずGLONASSはその価値を失っていきました。

　しかし、21世紀に入ってから、ロシア政府はGLONASSの再整備計画を発表し、必要な衛星数を整備しました。現在ではGLONASSも民間利用ができる状態になっており、対応受信機も普及しています。たとえば、Apple社のWebサイトから最新のiPhoneの仕様を確認してみると、GPSとGLONASS両方に対応しているのがわかります。

　このように複数のGNSSに対応することを「GNSS対応」や「マルチGNSS化」などと表現します。他にも、EUのGalileoや中国のBeiDouなど、世界規模で使える衛星測位システムが整備されています。

◉GNSS時代のメリット

　世界各国がGNSS衛星を配備すると、私たちにはどのようなメリットがあるでしょうか。

　その最大のメリットは「精度が向上し、測位可能なエリアが広がる」ということです。ここまで読み進めてきたみなさんは、すでに「GPSで現在地を知るためには4基の衛星が見えている（電波が届く）必要がある」ということをご存知のはずです。そして、GPSの人工衛星は地球全体で24基のため、測位時に実際に利用できる衛星はせいぜい6基程度だということも知っているはずです。いつもGPSを利用するのが草原

の真ん中なら良いのですが、実際にスマートフォンでGPSナビゲーション機能付きの地図を使うのは、都心で訪問先のオフィスビルを探すときや、はじめて訪れるお店を探すときです。そのようなビルに囲まれた場所では、GPS衛星4基を捕捉することさえ難しいことも珍しくありません。衛星の軌道上、ビルにさえぎられていない真上に常に4基が集まっていることは期待できないのです。

しかし、今はGNSS時代です。みなさんの持っているスマートフォンや携帯電話にすでに複数のGNSSに対応した受信機が搭載されているかもしれません。搭載されていたら、真上にあるGPS衛星が1台しかなくても、GLONASS衛星やGalileo衛星を組み合わせることによって4台以上の衛星が確保できる可能性があります。世界中で使えるGNSSというすばらしい技術を世界各国が協力してより便利なものにしていく、そんなところにGNSSの魅力を感じませんか。

4.3.2 準天頂衛星

衛星測位について考えるときに、私たち日本国民が注目しておくべきことがあります。なぜ日本国民が注目しておくべきか。答えはいたってシンプルで、日本も人工衛星を打ち上げているからです。それが近年話題になっている「準天頂衛星」です。

さて、準天頂衛星とはどんな衛星でしょうか。「準天頂」は聞きなれない言葉ですが、「準・天頂」と読むと「おおよそ真上にある」と解釈できますね。

では、おおよそ真上に衛星があるとして、なぜそのようなものが必要なのでしょうか。先に説明したように、地球のまわりには24基のGPS衛星があり、さらにはGLONASSなどが配備されてどんどん使いやすくなっています。そのような状況で日本が独自に人工衛星を配備する目的はどこにあるのでしょうか。

そのヒントは、立地条件とGNSSの相性にあります。GPSは都心や山間部などさまざまな場所で利用するため、GNSS化で衛星の数が増えることで電波を補足しやすくなるはずです。しかし実際は、数が増えただけでは完璧ではありません。なぜなら、ビルの谷間に入れば結局、人工衛星をとらえることが難しくなってしまうからです。

この問題を解決するには、真上に衛星があれば良さそうです（図4.23）。

図4.23　準天頂衛星で周囲を囲まれていても測位できる可能性が高まる

　現在、日本はすでに1基目の準天頂衛星「みちびき」を配備し、実験を行なっています。日本の準天頂衛星はGPSと互換性を持ち、GPSと組み合わせて使うことで測位精度を保つことのできるエリアを広げています。
　また、準天頂衛星は、それ以外にも災害時に通信衛星として利用することも計画されています。
　さらに、準天頂衛星には、これまでに説明した衛星測位とは異なる仕組みの技術が搭載されるようです。実現すれば、誤差は大きくても数cmになるともいわれています。このような技術が普及すれば、たとえば農業用トラクターが畝を壊さずに自動走行するなど、さまざまな分野でイノベーションを引き起こすでしょう。

4.3.3 IMES

　GNSS化や準天頂衛星により、ビルの谷間や山間部でもGNSSの恩恵にあずかることができそうです。では、屋内はどうでしょうか。

　たとえば、駅の地下街。新宿周辺の地下街は、日本国内でも指折りの複雑な構造として有名です。このようなときこそGNSSを活用したいところですが、地下では衛星からの電波が届かず、道案内に使えるほど正確な位置情報を得ることはできません。これはなにも地下に限った話ではなく、博物館や百貨店など、あらゆる種類の建物の中で問題となってきます（図4.24）。

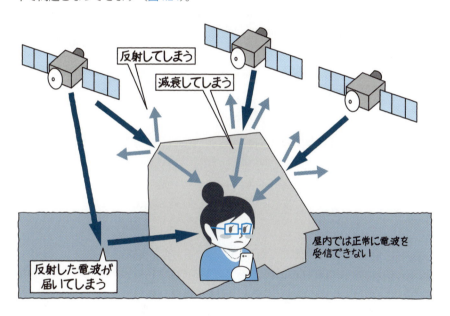

図4.24　屋内では人工衛星からの電波を正常に受信できない

　ITやロボットの分野では、古くから位置を推定する方法が研究されてきました。本章の冒頭で紹介したRGB-Dセンサなども、位置推定の研究によく活用されています。しかし、技術的な可否とサービスの可否は別の話です。技術的に可能でも、小型で安価なデバイスが作れないのであればなかなか普及しないという実情があります。そのような中、屋外用の測位デバイスとして普及しているGPSの仕組みを改良し、屋内でも使えるようにしようという試みがあります。それがIMESと呼ばれる技術です（図4.25）。

IMES最大の技術的特徴は、GPSとの互換性です。GPSで使われる電波と同じ周波数帯域にメッセージを乗せることにより、既存のGPS受信機のソフトウェアを変更するだけでIMESに対応することができます。ただし、GPSとは大きく異なる点もあります。

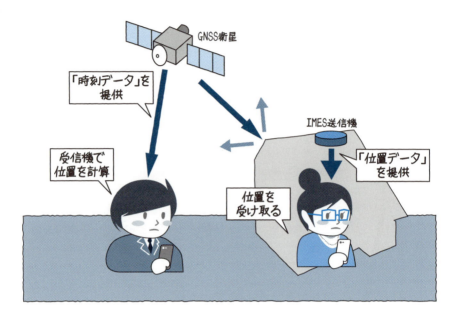

図4.25　屋外ではGNSS、屋内ではIMESと使い分ける

　図4.25の活用イメージを見てください。1台の受信機でGPSとIMES両方に対応すれば、屋外ではGPSで道案内をし屋内に入ると自動的にIMESに切り替わって案内が継続するというシームレスなサービスの実現が期待できます。このとき、GPS衛星とIMESの送信端末から出される電波は同じ周波数帯域を利用していますが、中身のデータ形式が異なります。すでに説明したように、GPSの電波には衛星の位置と時刻データが含まれており、4基以上の衛星から受信したデータから位置を算出します。一方、IMESの端末から送信されるのは、IMES端末の位置情報です。あらかじめ各端末に座標やフロア番号などの情報を設定し、天井などに設置します。すると、IMESの送信端末はその場所の位置情報を送信し続け、付近を通った受信機に位置情報を提供することになります。

　この仕組みからわかるように、IMES受信機の位置精度は設置間隔と送信する電波の強さに依存することになります。道案内程度ならば問題ない精度と思われますが、

数cmのような精度を実現するのは難しいと考えられます。

　IMESは、JAXAなどの研究機関により開発が進められています。まだ一般に普及していませんが、実証実験を行ない順調に成果を出しているようです。将来IMESが普及すれば、屋外から屋内まで、スマートフォンなどでシームレスな道案内サービスが受けられるようになるかもしれません。

4.3.4　Wi-Fiを用いた位置推定技術

　カーナビなどを普段利用する人にとっては、GPSの話題はかなり身近なものだったでしょう。では、電波を使った位置推定で他に身近なものはないでしょうか。ここでは家庭、オフィス、大学とさまざまな場所で一般化しているWi-Fiを活用した位置推定技術を紹介します。

◉受信信号強度（RSSI）

　まずは最も単純な方法を考えてみましょう。それは、Wi-Fiの信号の強さによるものです。みなさんは携帯電話での通話／通信がうまくいかないとき、画面に表示されたアンテナのマークを確認しますよね（図4.26）。

図4.26　受信信号強度を表わすマークの例

　お気づきのとおり、あのマークが意味するところは電波（信号）の受信状態です。受信状態は障害物などにも影響されますが、距離に比例して弱くなっていく特性があります。すなわち、携帯電話であれば基地局から離れれば離れるほど、受信する信号は弱くなっていきます。この性質を利用すれば、おおよその距離や位置を割り出せそうです（図4.27）。

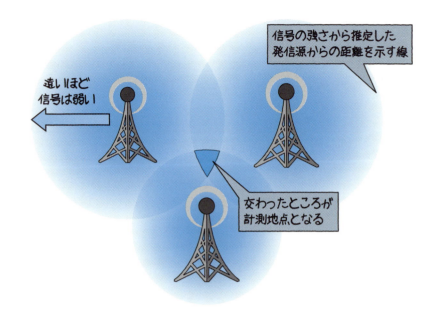

図4.27　受信信号強度＝距離と考えれば位置が求まるのでは？

　受信する信号が弱くなれば、電波の送信元に近づいていることがわかります。さらに、電波の送信元が3つあったとすると、その強さの違いから位置を特定することができます。

　しかし実際のところ、このアイデアをそのまま適用しても、期待するほどの精度を得ることはできません。適用する環境にもよりますが、電波の反射や干渉などの影響により信号強度と距離の比例関係が崩れてしまうのです。

◉フィンガープリント

　では、Wi-Fiを使った位置推定は不可能なのでしょうか。

　Wi-Fiは、家庭をはじめとしてオフィスやショッピングモールなどなところで活用されているため、Wi-Fiを使って位置推定できれば多くの人が利用できそうです。近年、Wi-Fiを使った位置推定技術は盛んに研究されており、改良が進んでいます。中でも強力なのが「フィンガープリント」と呼ばれる手法です。

　フィンガープリント（指紋）という言葉から、なにか固有の情報を使うのだろうと想像できますね。Wi-Fiにおけるフィンガープリントと呼ばれるアイデアにはいくつかのバリエーションがありますが、一般的には「ある地点における電波状態」を指します。

先ほど登場した3つの電波送信元を活用した位置推定のアイデアがそれほどうまくいかない理由は、壁などによる反射で電波の状態が乱れてしまうからでした。この「電波の乱れ」をフィンガープリントとして記録しておくことにより、位置を推定する技術が注目されています。

　具体的な方法を見ていきましょう。図4.28は、屋内に複数のWi-Fiアクセスポイントを設置した状態を示しています。それぞれのWi-Fiアクセスポイントから送信された電波が各地点でどのような信号強度になるかを計測し、データベースに記録しておきます。

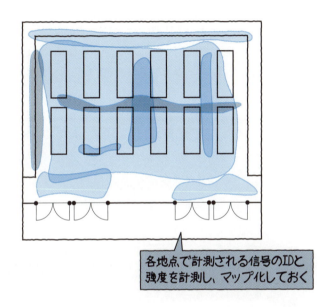

図4.28　各地点における電波の状況を記録しておき、比較する

　実際に測位を行なう際には、スマートフォンなどのWi-Fiに対応したデバイスで現在地の信号の状態を計測し、データベースに登録された内容から近いものを探します。これで現在自分がどこにいるのかわかりますね。

　この方法は事前の計測は手間ですが、誤差1m以下の精度が出るとうたうサービスも登場しています。事前の計測に関してもシミュレーションによる推定などが実現すれば、適用しやすい技術となっていくでしょう。

4.3.5 ビーコン

　受信信号強度を用いた位置推定手法として、近年非常に話題になった手法があります。それが「ビーコン（Beacon）」と呼ばれるものです。ビーコンというと、雪山での遭難救助での利用などでよく耳にします。危険な場所に行く登山者にあらかじめビーコンを持たせ、遭難した際には救助者は受信機を持ち、ビーコンからの信号が強くなるポイントを探します。

　最近話題になっているビーコンは、第3章でも紹介したBluetooth Low Energy（BLE）という省電力な通信規格を用いた新しい技術です。最近のiPhoneでは「iBeacon」という名称でビーコンを使う方法が提供されています。基本的な使い方は遭難救助用のビーコンと変わりません。たとえば、ブランドショップを想像してみましょう（図4.29）。

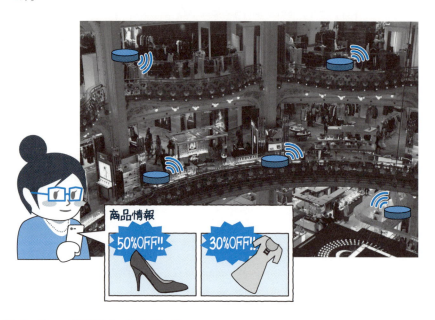

図4.29　ビーコンを活用したサービスのイメージ

ブランド品は高価ですから、消費者にその製品のすばらしさを理解してもらわないとなかなか購入してもらえません。店頭でスタッフが説明するにも、人手の限界があります。しかし近くに大量の説明文を貼ったのでは、店舗の雰囲気が台無しです。製品ごとに充実した説明を提供する良い方法はないでしょうか。そんなときに、このビーコンの技術が役に立ちます。

　まず、各製品（またはその陳列棚）にさりげなくビーコンの発信機を取り付けておきます。この状態で発信機の電源を入れる（ほとんどの機器は電池を入れるだけです）と、BLE規格の信号を発します。この信号には、あらかじめ定められたIDしか入っていません。

　次に、店舗に来たお客さんにBLEに対応したスマートフォンで専用のアプリを起動してもらいます。お客さんが商品、すなわちビーコンの発信機に近づくとスマートフォンが信号を受信します。あとは専用のアプリが信号に含まれるIDを取り出し、そのブランドのサーバに問い合わせ、商品情報を表示するだけです！

　このように、ビーコンはユーザに対してスマートに情報を提供できます。ここで取り上げた商品説明の事例以外にも、お店に来た人にクーポン券をプレゼントしたり、受信したビーコンのIDから現在地を教えてあげる、というサービスも考えられます。

　注意しなければならないのは、ビーコンは発信機によって出力する電波の強さが異なること、そして受信機となるスマートフォンがカバーやカバンなどで覆われている場合に電波が減衰する可能性があることです。アプリを開発する際には、事前に実験を行ない、発信機の信号の強さを選択する必要があります。また、受信機もどの程度の強さの信号を受信したときにアクションを起こすのか、そして複数の信号を受信しているときにはどうするかなど、さまざまな状況を想定して設計を行なう必要があります。

4.3.6　位置情報とIoTの関係

　本章では、RGB-Dセンサから始まり、位置情報を計測するセンサを多く取り上げてきました。最後にまとめとして、位置情報とIoTの関係について考えていきましょう。

　IoTの世界において、位置情報はどのように使われるでしょうか。

　GNSSやWi-Fiフィンガープリントのように、ユーザに現在地を教える技術が私たちの生活を便利にする例はたくさんあります。たとえば、道案内。スマートフォンの登場で、多くの人が即座に現在地と周辺の地図を閲覧することができるようになりました。10年前では考えられなかったような進歩です。さらには、携帯電話を紛失しても遠隔でロックをしたり、位置情報を送信させたりすることもできます。しかし、これ

らの事例は、一見IoTの世界とはかかわりが薄いように思えます。ところが、このように位置情報が簡単に取得できるようになってきたおかげで、IoTの世界は現実味を増してきているのです。

IoTやM2Mと呼ばれる技術は、大量のセンサを設置して大量のデータを集めたり、デバイス同士が通信したりすることにより新しいサービスを実現しよう、という背景を持っています。それは、ダムの貯水量監視かもしれませんし、絶滅危惧種の見守りかもしれません。あるいは運送経路の最適化や、海洋上での津波監視かもしれません。いずれにせよ、これらのサービスを実現するには、位置情報が欠かせません。

絶滅危惧種の見守りや運送経路の最適化のように、位置情報そのものが大きな価値を持つケースもあれば、貯水量監視や津波監視のように、計測ポイントの把握や、デバイスの管理のために位置情報が必要なケースも考えられます。位置情報に関する技術は一見複雑で、活用方法が見えにくい部分もありますが、IoTの世界を支えてくれる大切な技術なのです。

第 5 章

IoT サービスのシステム開発

5.1 IoTとシステム開発

　IoTはその名の通り、モノがインターネットにつながること、もしくはその仕組みを指します。IoTにより実世界情報のセンシングやフィードバックができるようになりますが、このIoTをシステム化するとはどういうことでしょうか。センサデータがデータベースの中に蓄積されることなのか、それともクラウド側から自動的にエアコンや照明を制御することなのか。

　筆者は、センサをはじめとする各種デバイスを活用して継続的に課題解決を行なう仕組みを作ることだと考えています。つまり、センサで計測するだけではなく、計測データの監視や分析により、エネルギーロスの発見や機器の故障予知などの新たな情報や価値を生み出すこと。そして、一時的なものではなく、コスト面や運用もふまえて継続的に続く仕組みを作ることがシステム化だと考えているのです。

　IoTサービスは、デバイスが主体となるシステムであるため、システム開発においてもデバイスならではの留意点があります。本章では、これまで見てきたアーキテクチャとIoTデバイスを利用して筆者らが実際に開発したIoTシステムを紹介します。また、開発事例を通して、デバイスを利用したシステム特有の問題や課題について説明していきます。

5.1.1 IoTのシステム開発の課題

　第1章で触れたようにIoTサービスは多くの可能性を秘めていますが、いざIoTシステムを開発しようとするとさまざまな難しさがあります。ここでは、システムを導入する利用者とシステム開発者の両者の側面から触れていきます。

　まず利用者にとっては、サービス導入の効果が事前に予測しにくく、そもそも導入に踏み出せない、という難しさがあります。IoTサービスでは、センサデータをはじめとするさまざまなデータを収集して現状把握や分析を行ないますが、その効果はやってみなければわからない面もあり、必ずしも費用に見合った効果が出るわけではありません。

　一方、システム開発者側の難しさとしては、本書で扱う技術の広さを見てもらえばわかるとおり、求められる技術範囲が一般のWeb開発と比べて「広い」という点が挙げられます（図5.1）。

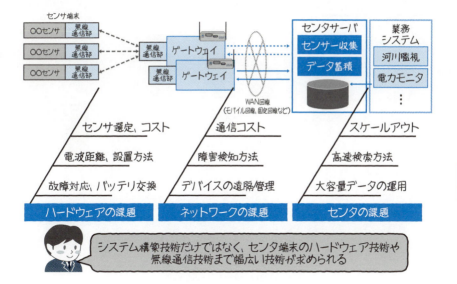

図5.1　IoTのシステムは幅広い分野の技術で成り立っている

　小規模のIoTサービスであっても、サーバサイドで動作するアプリケーションに加えて、デバイスを構成するハードウェア、組み込みソフト、またデバイスとセンサをつなぐゲートウェイ、無線通信技術、ネットワークといったように、必要とする知識が多岐にわたります。もちろんすべてを把握していないと開発できないわけではありません。しかし、それぞれの領域について、技術内容や仕組みを知っておくことで、開発や運用のトラブルを防ぐことができます。

5.1.2　IoTシステム開発の特徴

　IoTサービスを開発するうえで忘れてはならないポイントは、「IoTサービスはデバイスを含むサービスである」ことです。
　IoTのデータを活用するビッグデータ分析は、蓄積された大量のデータやログを対象とするため、必ずしもデバイスが存在するわけではありません。しかし、IoTサービスでは、その名の通りデバイス（モノ）が必ずサービスに関わってきます。そして、デバイスが主体であることにより、図5.2のようなIoTサービスならではの特徴が存在します。

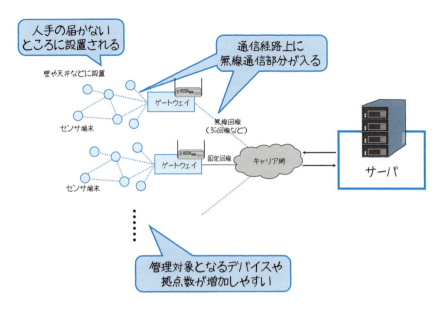

図5.2 IoTシステムならではの特徴

　これらは、当たり前のように感じるものばかりですね。しかし案外これらの特徴を考えずに開発を進めてしまい、運用フェーズにおける障害対応や端末メンテナンスのときなどに想定以上のコストが発生することがあるため、心に留めておきましょう。

●管理対象となるデバイスや拠点数が増加しやすい

　IoTサービスは、センサ端末をはじめとする複数のデバイスと、それらをまとめるゲートウェイ端末により構成されています。これらのデバイス類は運用状況に応じて、種類が増えたり、端末数が増加したりする傾向にあります。

　たとえば、オフィスビルや商業施設のフロアで温度や湿度、CO_2濃度などの環境センシングを行なう場合、フロアの場所によって計測値のばらつきがあるため、フロアの一箇所だけではなく、複数箇所をセンシングすることになります。そのため、一部屋にいくつものセンサ端末が設置されます。

　また、運用中にはデバイスの数や種類を増やすため、デバイスの追加接続が発生することが多々あります。たとえば、一度センサ端末を設置してモニタリングをします。しかし、計測結果から十分なアクションをとるために必要な情報が得られず、期待した効果が見られないといったことがあります。そういった場合は、より詳細に計測するために計測ポイントを増やしたり、別の観点から分析したりするために新しいセン

サを設置します。さらに、センサ設置の効果が得られると、別のフロアや施設に拡大することがあります。拠点増加時には、設置済みセンサと同等数のセンサが設置されることもあり、場合によっては飛躍的にセンサ数が増加します。一定の効果が得られた後も、他のユーザが増えるなど、デバイスが増えていく理由は多くあります。

◉人での届かないところに設置される

オフィスや商業施設に設置されるデバイスやゲートウェイは、多くの場合天井や壁など人手の届かない箇所で設置されて、運用されていることが多いです。そのため、設置後のデバイス運用は容易ではありません。設置場所の変更や端末内のソフトウェア変更を行なうためには、デバイス運用者への作業依頼が発生するだけではなく、設置エリアの管理者との日程調整や、場合によっては工事業者との調整も発生してしまいます。

◉無線通信部分が存在する

忘れがちなのがデータ通信経路上に無線通信を利用する点です。第3章でも紹介したように、センサ端末とゲートウェイ間での通信に用いるセンサネットワーク部は主に無線通信となります。また、ゲートウェイとキャリア網をつなぐアクセス回線などでも3G/LTEなどの無線通信が利用されます。

もちろんそれぞれの間を有線で接続することもありますが、センサ端末などのデバイスをさまざまな場所に追加設置すると無線通信を選択することが多くなります。一般的に無線通信では、有線通信に比較して通信品質が低くなります。たとえば、障害物設置など現場での環境変化により、通信回線につながらなくなるかもしれませんし、周辺電波による混信の影響で回線が不安定になるかもしれません。

5.2 IoTシステム開発の流れ

IoTサービスの費用対効果の算出は、机上だけでは難しく、実際になんどもデータ収集／分析を繰り返さないと、導入の効果は適切に把握できません。サービス開発の面でも、デバイス主体のサービスであるため、デバイスについても要件を実現するデバイスを調達する必要があります。しかし、そのようなデバイスを十分な量をすぐに調達したり作成することは困難です。

そこで重要となるのが、スモールスタートで事前検証を行なうことです。最初から大がかりなシステムを構築するのではなく、小規模のプロトタイプ（原型）システムによって、システム導入効果の検証を行ないます。また、要件にあった複数のデバイスを利用してそれぞれの比較選定、運用手段の検討を行ないます。そのため、IoTサービスのシステム開発は、「仮説検証」「システム開発」「運用保守」の3つのフェーズで進めていくことがポイントとなります（図5.3）。

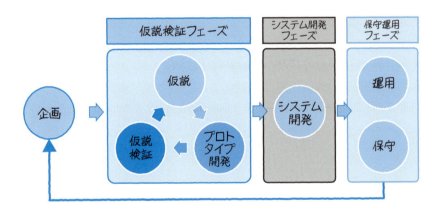

図5.3　IoTサービスのシステム開発の流れ

5.2.1　仮説検証フェーズ

小規模のプロトタイプを構築して、サービス導入による効果検証と、IoTサービスを実現するための技術検証を行ないます。効果検証では、IoTデバイスによってセンシングしたデータにより、費用に見合った価値ある情報が生み出せるかを検証します。また、プロトタイプのシステムを利用者に利用してもらうことで、利用イメージなど

の要件の擦り合わせを行ないます。

　技術検証では、IoTサービスを構成するサーバとデバイスのうち、特にデバイスについては念入りに事前検証するようにします。なぜならIoTサービスは、デバイスによるセンシングやフィードバックが主体となるため、デバイスが目標とする動作を達成できなければ、システムそのものが成り立たないからです。そのため、この仮説検証フェーズで、センサ端末などのデバイスの選定をしっかり行なうことが重要です。このフェーズでの実施観点としては、次のポイントを押さえるようにしましょう。

デバイス選定
- ☑ デバイス要件整理
- ☑ デバイス調査、調達、試作、動作検証
- ☑ デバイス設置設計
- ☑ デバイスの保守／運用設計

サービスのプロトタイプ開発と運用
- ☑ キャリアネットワーク選定
- ☑ ゲートウェイ／サーバ側システムのプロトタイプ開発
- ☑ デバイス、システムのテスト運用からの課題抽出

導入効果検証
- ☑ センサ、アクチュエートの導入効果検証

5.2.2　システム開発フェーズ

　本番導入に向けたサービス開発を行ないます。

　仮説検証フェーズにおけるプロトタイプ開発と検証結果をもとに、本番環境で利用するデバイスの調達とサーバ側システムの開発を行ないます。特にデバイスや拠点追加などの拡張性や、取得データの保存容量や保存期間などのデータ運用については、サービス運用中に対応する可能性が高いため、複数のステークフォルダ（利害関係者）との擦り合わせが重要です。事前検証フェーズで構築したプロトタイプをそのまま拡張する場合は、事前検証フェーズの段階から本番環境での稼働を見越して、システム品質の確保やデバイス追加に対応しやすいシステム設計をしておきましょう。

5.2.3 保守運用フェーズ

　IoTサービスの運用では、情報システムに加えて、設置デバイスとゲートウェイ端末の運用管理を行ないます。

　下記のように、デバイスの運用管理では、異常状態の検知／修復だけではなく、稼働状況に応じたデバイスのパラメータ設定変更や修理／交換対応、新規デバイスの追加などを行ないます。

- デバイスの状態監視、設定変更、修理／交換
- 新規デバイスの追加対応
- システム状態の監視
- 蓄積データの運用
- データ収集／活用

COLUMN
レベニューシェア

　効果が見にくいIoTサービス導入の敷居を下げるために、スモールスタートでの事前検証からはじめる方法を説明しましたが、別の手段としてレベニューシェア型の契約を結ぶ方法もあります。

　レベニューシェアとは、提携方法の1つで、リスクを共有することで利益を分け合う方法のことです。システム導入の場合では、従来のように受託して決められた金額を支払うのではなく、導入したシステムによって得られた利益の一部を開発者に支払うような契約形態になります。発注者にとっては、リスクを分け合うことで、投資費用が高いシステム導入のリスクを下げることができます。

　センサネットワークやM2MシステムをはじめとするIoTシステムにおいても、このレベニューシェア型の契約形態が取り入れられつつあります。たとえば、省エネシステムの導入にあたり、システム構築費用を非常に安価に抑えて、導入により節約された電気代／水道代の一部を開発者に支払うといったビジネスがはじまっています。

5.3 IoT サービスのシステム開発事例

ではIoTシステムの開発例を見てみましょう。

5.3.1 フロア環境モニタリングシステム

◉システム概要

　最初に紹介するシステムは、オフィスを対象に職場環境の快適さ向上を目指して、フロア環境のモニタリングを行なった事例です（図5.4）。一般的に、職場環境が快適になることで、作業能率が上がることが知られています。職場環境というと、人間関係や労働時間などさまざまな要素が含まれますが、本システムでは、衛生環境面でのモニタリングを実施しています。

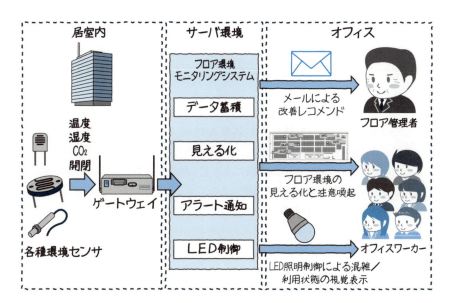

図5.4　フロア環境モニタリングシステムの概要

　モニタリングには居室に無線環境センサを設置し、リアルタイム収集と計測データの見える化を行なっています。見える化としては、計測に応じた行動判断の手助けのために、Web画面上での表示と、計測状況に応じたLED照明制御を行なっています。

具体的には、下記のモニタリングを行ないました。

1. エアコン設定適正化のためにフロア内温度の計測
2. インフルエンザ予防のために不快指数の計測
3. 集中力低下防止のためにCO_2濃度の計測
4. トイレ個室の待ち時間削減に向けたトイレ個室の混雑状況の計測

1．エアコン設定適正化のためにフロア内の温度計測

オフィスでは、エアコン設定は、夏場は28℃、冬場は22℃に設定するように推奨されています。しかし、28℃に設定したとしても、実際には室温が28℃を超えて暑さを感じることや、また座席の場所によって室温のばらつきがあります。そこで、フロア環境の室温の定量的な計測と計測結果の見える化を行ないました。

2．インフルエンザ予防のために不快指数の計測

毎年秋から冬にかけては、インフルエンザの流行しやすい季節であり、職場の社員がインフルエンザにかかる恐れがあります。そこで、温度と湿度から算出される不快指数という指標とインフルエンザのなりやすさの関係性があることから、不快指数を継続的にモニタリングし、閾値を超えるとアラートをあげて、対応を促すといった運用を行ないました。

3．集中力低下防止のためにCO_2濃度の計測

作業能率向上の観点では、CO_2濃度と人の集中力にも関係性があることが知られています。アメリカの研究チームの実験によると二酸化炭素濃度が1000ppmを超えると思考力が下がり、2500ppmにまで達すると、著しく低下することが確認されています。また、厚生労働省が定める建築物環境衛生管理基準でも、居室におけるCO_2濃度は1000ppm以下であることが望ましいとされています。そこでCO_2濃度センサを用いて居室内のCO_2濃度のモニタリングを行ないました。フロアや部屋などの密閉空間では、人の呼吸に含まれるCO_2によりCO_2濃度が上昇していきます。計測値を見ると、オフィス内の人数や換気設備の動作状況に応じて、CO_2の濃度が変化していることがわかりました（図5.5）。そこでCO_2濃度が高い場合には、換気を促すように注意喚起を行ないました。

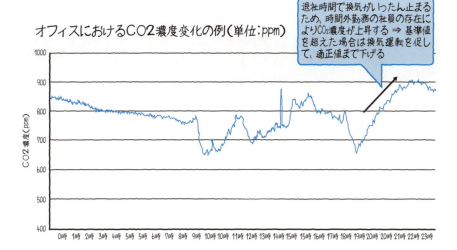

図5.5　オフィスにおけるCO₂濃度変化

4．トイレ個室の待ち時間削減に向けたトイレ個室の混雑状況の計測

　職場改善のためのヒアリングを行なったところ、男子トイレの個室が混んでいるという声がありました。業務を中断して（座席を立って）個室へ向かっても、すべての個室が利用中の場合はそのまま自分の座席に戻ることになるため、むだな往復動作を行なうことになります。一度だけならまだしも、なんども自席からトイレ間の往復が発生すると、むだになる時間が増加するだけではなく、大きなストレスも感じるようになります。そこで、開閉センサを用いてトイレの混雑状態を計測したのち、Web上で現在の混雑状況の見える化を行なうとともに、LED照明を制御することで、ブラウザを開くことなく現在の混雑状況をリアルタイムで視覚的に見るようにしました。この仕組みにより、座席からトイレ個室へのむだな往復時間とそれに伴って感じるストレスを軽減しています。

◉システム構成

　本システムは、環境センサをはじめとする無線デバイスとゲートウェイ、センタ環境から構成されています（図5.6）。

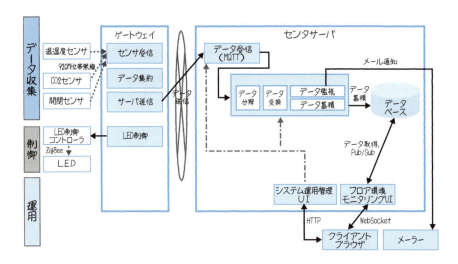

図5.6 フロア環境モニタリングシステムのシステム構成

　デバイス端末には、センサ端末に温湿度センサ端末、CO_2センサ端末、開閉センサ端末、赤外線センサ端末を用いており、アクチュエート機器にはLED照明を利用しています。ゲートウェイ端末では各センサ端末を集約するとともに、LED照明を制御する機能を持ちます。

　センタ環境では、ゲートウェイから送られてきたセンサデータを受信するメッセージキューと受信データを分解／処理するストリーム処理部、データを蓄積するデータベースから構成されています。業務アプリケーションはデータベースと連携していますが、データベースとの接続に第2章で紹介したPublish/Subscribeを利用することで、リアルタイムでのWeb画面表示を実現しています。また、ストリーム処理では、各機能をモジュール化しており、センサデータを監視して、一定条件でのメール通知などを行ないます。

5.3.2　省エネモニタリングシステム

●システム概要

　次に紹介するシステムは、商業施設やオフィスの省エネを目指して、さまざまな施設の省エネ状態のモニタリングを行なった事例です（図5.7）。

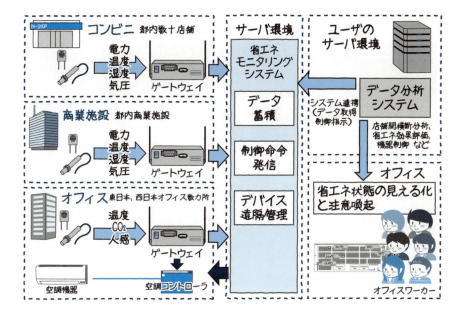

図5.7　省エネモニタリングシステムの概要

　本システムでは、都内数十箇所の施設に加えて、西日本にあるオフィスを対象に、各種環境センサを設置し、各施設の省エネ状況の見える化や省エネを実現するための改善アクションを実施しています。たとえば、商業施設では、さまざまな場所にセンサを設置して、フロア内の局所的なエリアの温湿度と電力を計測しました。計測データをもとに、フロア内の冷やし過ぎや暖め過ぎを早期に発見するとともに、電力消費の見える化とその対策により省エネを実現しています。また、オフィスではフロア内の滞在人数を計測し、人数に応じた最適な空調制御や換気制御を行なっています。

　なお、各施設間の計測データを横断分析するため、クラウド上のサーバ環境にセンサデータを集約しています。そして、集約したセンサデータをユーザシステム上で分析し、施設ごとの電力消費量の見える化や、オフィスワーカーへの注意喚起や、空調機の遠隔自動制御を実現しています。

●システム構成

　本システムも、5.3.1節で紹介したフロア環境モニタリングと同様に、各種環境センサ端末とそれらを集約するゲートウェイ、そしてセンタ環境から構成されています（図5.8）。

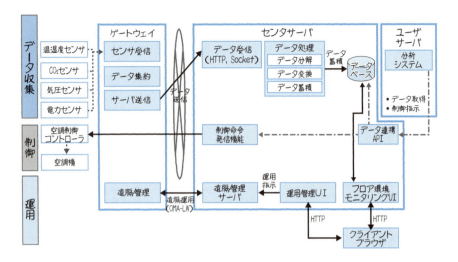

図5.8　省エネモニタリングシステムのシステム構成

　センサ端末には、温湿度センサ端末、CO_2センサ端末、に加えて気圧センサ、電力センサを利用しています。

　センタ環境では、データを受信するデータ受信部、受信データを処理する処理部、データを蓄積するデータベースから構成されています。受信部については、ゲートウェイ端末～サーバ間の通信プロトコルが、HTTPやSocketを含む数種類のプロトコルを利用していたため、これらの差異を吸収するとともに、後続のデータ処理部と連携しています。また本システムは、センタサーバではデータ収集とデバイスへの制御命令発信を行ない、収集したデータの分析は、ユーザのサーバ上のシステム上で行なう構成でした。そのため、データを取得したり、制御を行なうための手続き（Application Programming Interface、略してAPI）経由でシステム間の連携をしています。

　運用管理の面では、本システムではデバイスやゲートウェイが、運用者から遠く離れた施設に設置されているため、遠隔によるデバイス管理機能を利用しています。本機能により、運用者が現地に赴くことなく、障害発生時のゲートウェイ設定値やログ情報の確認、ソフトウェアのアップデートを行なっています。

5.4　IoTサービス開発のポイント

本節では、これまでの開発／運用経験に基づき、IoTサービスならではの開発ポイントについて、「デバイス」「アーキテクチャ」「ネットワーク」「セキュリティ」「運用／保守」の5つの観点から説明します。

5.4.1　デバイス

◉デバイス選定

IoTサービスにおけるデバイス選定は、とても重要です。デバイスの特性に応じて、できること／できないことがあるので、きちんと事前に目的を明確にし、目的を達成することができるデバイスを選択します。

センサ特性

先ほどのフロア環境モニタリングでの個室トイレの利用状態検知を例にとってみます。この事例では、トイレの利用状況をリアルタイムで検出し、その複数あるトイレの利用割合によってLEDの色を制御します。そこで、部屋の利用状況を取得できるセンサを抽出し、センサごとに検出特性、環境特性、コスト特性の比較検討を行ないました（表5.1）。

表5.1　センサごとの特性

センサ	検出特性		環境特性				コスト特性	
	検出スピード	検出精度	密閉されていない環境	扉が存在しない環境	部屋の広さ	発生する確実性	電池消費	価格
距離	人がいる状態ですぐ変化	高	○	○	×	○	○	○
開閉			○	×	○	○	○	○
カメラ			○	○	○	○	×	×
サーモセンサ			○	○	○	○	×	×
フローセンサ			○	○	○	○	×	×
動き（人感）		中	○	○	○	△	×	△
音		低	△	△	△	△	○	○
照度			○	○	○	×	○	○
CO_2	人がいると継続的に変化	高	×	×	×	○	○	△
臭い		低	×	×	×	○	○	×
室温			×	×	×	○	○	○
湿度			×	×	×	○	○	○

結果としてリアルタイム性が高く、シンプルかつ安価なセンサとして、距離、開閉、動き（人感）を選択しました。それぞれ試したところ、トイレ内の人の動きは意外に少ないことから動き（人感）センサは検出率が悪く、距離センサは点でしか計測できないため設置場所が難しいという検証結果が出ました。開閉センサについては、対象トイレが未使用時には確実に開き、利用時に閉まることから、リアルタイムかつ精度良く利用状態を検出できたため、開閉センサを利用することにしました。

　センサ端末を購入／調達する場合は、検出するためのセンサ選定と同時に、センサを組み込んだセンサ端末の選定を行ないます。センサ端末の選定における検討観点は、主に表5.2の項目が挙げられます。特にシステム開発の目線からすると、設置や運用をふまえて、電源まわり（AC電源か電池駆動か、交換サイクル）や、データ取得方法や拡張性を中心に見ることになるでしょう。

表5.2　センサ端末の検討観点

検討事項	内容
センサ特性	検出特性、環境によって使えるか使えないか
電源	AC電源、電池、充電、自律発電
電池寿命	電池や充電式の場合はどれぐらいもつか
送信I/F	有線系：シリアル、Ethernet 無線系：Wi-Fi、Bluetooth、特小無線、ZigBee
送信頻度	検出データの送信タイミングと頻度
データ取得方法	検出データの取得方法。 受信機からの検出データの取り出し方（I/F、フォーマット）など
端末拡張性	センサ端末の増設しやすさ。 無線系の場合は、中継機設置で設置範囲の拡大可能か
端末サイズ	端末の大きさ、形状
価格	センサ端末の価格
サポート	端末サポートや入手しやすさ

　今回の事例では、トイレの扉に設置するため、ケーブルレスかつ運用もふまえて自律電源のセンサ端末を選択しました。また、対象数が増加した際にも簡単に追加できる拡張性や、開閉センサだけではなく、他にも温湿度センサや赤外線センサなど、ラインナップが揃っており、今後の活用しやすさの面もメリットもありました。

計測誤差

　センサ端末を使う場合には、組み込まれているセンサの計測方法を理解したうえで、センサの計測誤差や誤検知があることを押さえておきましょう。

　たとえば、温度センサ端末のスペックを確認すると、環境仕様や計測仕様の欄に「周辺温度：－10℃〜＋80℃、測定範囲：－10℃〜＋80℃、測定精度：±0.5℃」といった記述があります。つまり、このセンサ端末で25℃と測定した際には、実際の温度は24.5℃〜25.5℃であるということです。そのため、計測した温度データをアプリケーションで利用する場合には、計測誤差が存在することを念頭において、利用する必要があります。

　他にも人感センサは人の存在を検知してくれるセンサですが、どのような状態でも人の存在を検知できるわけではありません。パッシブ型赤外線センサの場合などは、赤外線を利用して周辺温度と温度差のある物体が感知範囲内で動いたときに動作します（図5.9）。そのため、感知範囲内で熱（赤外線）を発生する物体（人や動物）が動かない場合や、動きが微少で感知軸に当たらない場合などは検知しません。

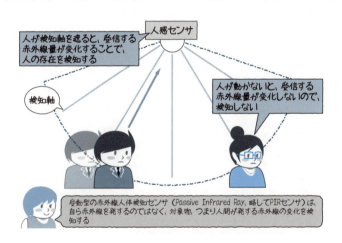

図5.9　センサの計測誤差（人感センサの例）

　センサごとに計測する仕組みが異なるので、単純にセンサ端末を選ぶのではなく、そのセンサ端末内に組み込まれているセンサの仕組みを把握して、計測対象を問題なく計測できるか検討するようにしましょう。

法的規制

　電波法に即した端末を用いているか確認することも重要です。日本では無線通信の

混信や妨害を防ぎ、また、電波の効率的な利用を確保するために電波法が定められています。

電波法令で定めている技術基準に適合している無線機であることを証明するマークを技適マークと呼びますが、技適マークが付いていない無線機は現在（執筆時点）基本的には利用できません。特に海外製品のセンサ端末やゲートウェイ端末を利用する場合には注意が必要です。海外製のセンサ端末を日本に持ち込むと当然動作はしますし、海外ゲートウェイ製品にも日本キャリアのSIMを挿して動作する製品はありますが、日本国内での技適マークを取得していないと、電波法に違反してしまう恐れがあるため注意してください。

一般的に、認証取得済みの無線機を組み込んだセンサ端末を購入すると、その内部の無線機に技適マークが表示されています。メーカーへの認定取得情報の問い合わせや、総務省の適合基準証明書の認定などを受けた機器の検索サイトなどを利用して、使用する機器が認証を取得しているかどうか確認できます（図5.10）。ただし、電波関連の認証制度については、その他にも通信回線に接続する機器に対する技術基準への適合認定や、使用するためには無線局の免許が必要となるパターンがあるなど、非常に複雑なので、不明点がある場合は専門機関に問い合わせるのが良いでしょう。技適マークが無い機器でも一定の条件をクリアすれば利用できるようにする動きもありますが、しばらくは注意が必要です。

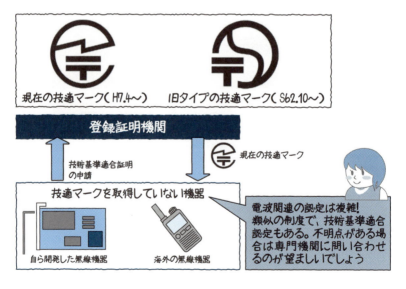

図5.10　技適マークの申請

◉デバイスの設置

IoTシステムでは、比較的小さいデバイスをさまざまなところに設置するため、設置場所にも気を配る必要があります。ここでは、デバイスの設置時の注意として、配置設計、設置場所、設置環境について説明します。

配置設計

デバイスとゲートウェイ端末の配置設計によって、導入コストや運用の手間が変わってきます。ゲートウェイ端末はスペックが高く、キャリア網への接続などさまざまな機能を備えているため、センサ端末に比べて高価になることが多いです。また、運用面を考えると、サーバ側システムに接続される端末が多いほど、システムとして管理する手間がかかる傾向にあります。

そのため、基本的にはセンサ端末で構成されるセンサネットワーク網でセンサ端末を集約し、ゲートウェイ端末を少なくするように配置設計するのが望ましいです（図5.11）。ただし、センサ端末の電波出力は弱く、見通しの良いところでは比較的よく届きますが、居室と廊下の間などの鉄製の扉は通過しにくいです。その場合は、センサネットワークを分割してゲートウェイ端末を増やすといった対応をしていきます。また、配置設計時には、きちんとフロアマップと、どこにどのデバイスを設置したかの情報を整理しておきましょう。

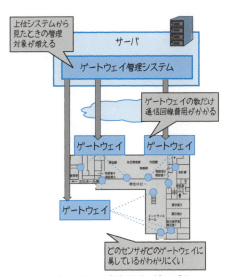
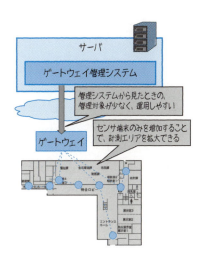

図5.11　デバイスの配置設計

設置場所

　デバイス端末を設置する場所自体にも注意が必要です。センサ端末は、小型で持ち運びが可能であるうえに、離れた部屋などシステム管理者の目の届かない場所に設置することになるため、人が簡単に触れられるところに置くととられてしまう恐れがあります。

　居室内に設置していた温湿度センサ端末がフロアの引越しに伴い持ち運ばれて行方がわからなくなったり、トイレ個室に付けた開閉センサが取りはずされたりすることが考えられます。持ち運ばれてしまうと見つけることが難しいため、基本的には人の手の届かないところに設置しましょう。

設置環境

　一般的なセンサ端末ならば、室内のフロア環境などでは環境上問題がないことがほとんどですが、食品などの温度管理などが目的のセンシングでは、冷凍庫など極端に気温が低い場所にセンサ端末などが設置される可能性があります。そのため、使用するセンサ端末の動作環境や測定範囲についても、あらかじめ確認しておく必要があります。

●パラメータ設定

　デバイスのパラメータ設定によって、メンテナンスのしやすさにも影響があるため注意が必要です。

センシング間隔

　センサ端末のデータ取得間隔は短くするほど、多くのデータを集めることができます。そのため、センサ端末を利用する立場からすると、とりあえずセンシング間隔を短く設定しがちです。しかし、センシング間隔やデータの送信頻度の設定により、メンテナンス頻度にも影響するので注意が必要です。

　おおむねIoTデバイスは、さまざまな場所に多数設置するために、小型、無線通信、電池駆動となります。近年ではデバイス自体が発電する自立電源を備えた「エネルギーハーベスタ」などの端末も出現しつつあります。しかし、まだ大部分が電池駆動です。電池消費の面で見てみると、デバイスの電池消費の大部分はセンシングと無線送信に消費されています（図5.12）。センシング頻度を上げるほど電力消費が激しく、電池交換間隔が短くなるため、電池交換のメンテナンス間隔も念頭に置き、要件に合わせて適切なセンシング／送信周期となるように設計することが望ましいでしょう。

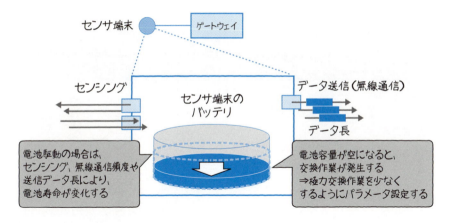

図5.12 センシング間隔と電池容量

センサネットワークの設定

　センサ端末のセンサネットワークを用いる場合は、センサネットワークを動作させるためのパラメータを決める必要があります。

　ここで注意が必要なのは、センサネットワークのネットワークIDです。グループIDや他の呼び方もありますが、センサネットワークを一意に識別するIDを指します。このIDをすべて同じように設定すると、初期導入時や端末追加／変更時の設定コストを抑えることができます。しかし、受信機を備えたゲートウェイ端末が複数存在する場合などには、複数の受信機で同じデータを受信してしまうため、結果としてセンタ側ではデータが重複してしまうことになります（図5.13）。そのため、ゲートウェイ端末内でセンサIDなどを読み取り、受信許可リストに記載されたセンサデータのみを受信するホワイトリスト方式などの対応が必要になります。

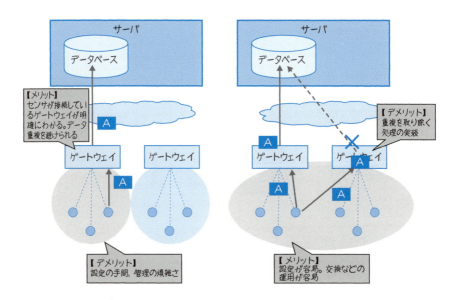

図5.13　センサネットワークのネットワークID設定

　一方でIDをゲートウェイ端末ごとに別々に設定すると、データ重複を避けることができますが、導入にあたりセンサ端末ごとに設定の手間があるうえに、センサネットワークIDの管理が必要となります。

　なお、先ほどのフロアモニタリングの事例では、両者を組み合わせて管理を行なっています。後者のゲートウェイ端末ごとに異なるネットワークIDを設定するとともに、ホワイトリスト方式により、不正な端末からのアクセスを防止しています。

5.4.2　処理方式設計

　IoTシステムを運用保守していると、デバイスを利用しているシステムならではの運用保守として、新しいデバイスの追加やデータ量の増加、無線障害などの場面に直面します。しかし、システム開発の初期段階からこれらのことを考慮して設計しておかないと、いざ対応しようとした際に容易に拡張することができず困ることがあります。そこで、実際の運用をふまえてIoTシステムとして、事前に押さえておきたい処理方式について説明します。

- 多様な接続デバイスに対応する
- 処理負荷、容量増加に対応する

- 機能を分散する
- システム構成要素の堅牢性を高める

◉多様な接続デバイスに対応する

　先述のとおり、計測ポイントの増加や別の観点からの分析のために、運用中のIoTシステムにはさまざまなデバイスが接続してきます。中には既存のデバイスだけではなく、これまでとフォーマットが異なる新しいデバイスが接続されてくることもあります。また、接続形態についても、ゲートウェイ経由で接続されるパターンとサーバ経由で接続されるパターンがありますが、それぞれの接続パターンごとに拡張対応する部分が異なってきます（図5.14）。

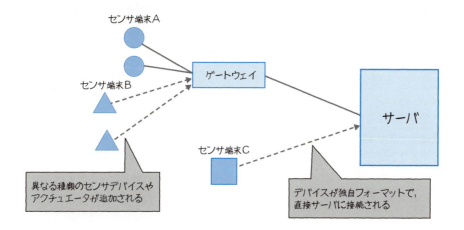

図5.14　多様なデバイスの接続

　この多種多様なデバイス接続に対応するために、処理方式のポイントとして、「データ処理を階層化すること」と「デバイス依存処理はデバイスに近いところで処理すること」が挙げられます（図5.15）。

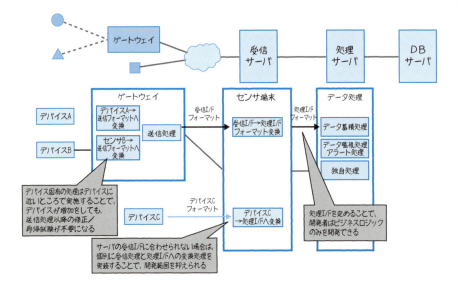

図5.15　データ処理の階層化

　具体的には、上位処理への引き渡しにデータフォーマットを定めて、前段の処理で受信データを定められたデータフォーマットに変換するようにします。このように処理することで、デバイスの種類が追加された際に、共通処理部には手を加えずに、デバイスに依存した部分だけを拡張開発することで対応できるようになります。
　たとえば、ゲートウェイに新しいセンサ端末が追加接続されても、ゲートウェイ上で新しいセンサのフォーマット解釈処理を実装するだけでよく、サーバ上の受信、処理部を拡張せずとも格納処理や検知処理を行なうことができます。もしサーバ側でも追加フォーマット時に応じて拡張開発をしてしまうと、サーバ側での再帰試験が発生しますし、これまで正常に動作していたデータ処理に不具合が生じる恐れもあります。

◉受信データ量増加に対応する

　IoTサービスのシステムでは、多くのデバイスが接続してくるため、そのトラフィック量が増大する可能性があります。また、端末数増加やセンシング間隔の変更により、センサ端末の電池寿命やゲートウェイ端末上での性能確保といったデバイス側の対応だけではなく、サーバ側のシステム上でも増大する受信データ量をさばくための対応が必要になります。

データ受信／処理の方式検討

受信データ量の増大に対する対応策の1つとして、受信データをキューに入れる方法があります。

受信データの処理が終わるまでゲートウェイと受信サーバ間のコネクションが接続していると、コネクション接続時間が長いため、到着データ量が増加したときや処理時間がかかる場合に、コネクションの空きが不足し、受信データをさばききれなくなります。そこで、受信データの処理が終わってからゲートウェイ側への応答するのではなく、受信してキューに格納した時点で応答を返すことで、大量の受信データをさばくことができるようになります（図5.16）。キューに格納された受信データについては、後ろで待っている処理サーバがキューから受信データを取り出して、処理していきます。

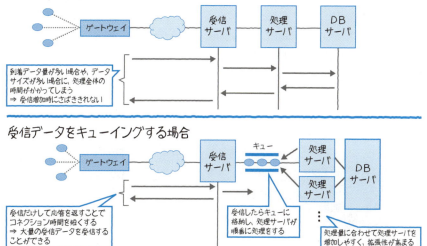

図5.16　受信データのキューイング

メリットとしては、ゲートウェイ側の待ち時間が短くなり、処理できる受信データ数が増える点です。また、キューを挟んで処理部が分かれているので、受信機能と処理機能のモジュール性が上がります。その結果、キューの蓄積量に応じて処理サーバを増強しやすくなります。

デメリットとしては、処理の成功可否を確認するためには再度アクセスする必要がある点です。受信データが誤っていて処理サーバ側で処理に失敗しても、ゲートウェ

イ側では失敗メッセージ応答されないため、別途再送処理などを検討する必要が出てきます。

データベース選択

　受信データ量が増大するということは、受信したデータを蓄積するデータベースでも対応が必要です。具体的には、大量データの蓄積処理性能や、蓄積するためのデータベース容量の確保です。

　しかし、たくさんのデバイスがつながるIoTサービスにおいて、その限界量を見極めるのは難しいですし、そもそも1台のサーバで処理するには処理性能や容量の面でも限界があります。そのため、要件によっても異なりますが、一般的にIoTサービスのデータベースには、拡張性（スケールアウトのしやすさ）、書き込み速度、スキーマの汎用性が求められています。最後のスキーマの汎用性については、多様なデバイスのデータを格納する際に、最初に設計したスキーマでは格納しきれない非構造データがある場合などに対応できるためです。

　データベースについては第2章でも紹介しましたが、RDB、KVS、ドキュメント指向、グラフ指向などさまざまな種類のデータベースが存在し、それぞれ特徴があります。この中で、主流のデータベースであるRDBと分散KVSについて、一般的な比較を表5.3にまとめました。

表5.3　RDBと分散KVSの比較

比較観点	RDB	分散KVS
拡張性（スケールアウト）	×	◎
スキーマ汎用性	×	◎
書き込み速度	△	◎
トランザクション	◎	△
リレーション	◎	×
SQLの利用	◎	×
主な製品	MySQL、PostgreSQLなど	Dynamo、BigTable、Cassandra、Redisなど

　RDB（リレーショナルデータベース）は、テーブル結合やACID特性の確保のために、複数のサーバにスケールアウトすることが容易ではありません。その一方で、KVS（キーバリューストア）は処理性能、容量が不足したときにはサーバを追加するだけで、スケールアウトすることが可能です。そのため、IoTサービスやセンサネットワークシステムでは、KVSが採用されることが多いです。

しかし、分散KVSにもデメリットはあります。まずリレーションが使えませんし、SQLによる複雑な結合や集計ができません。そのため、アプリケーション側で、データを取り出して結合／加工する処理を行なうことになります。また、整合性処理についてもアプリケーション側での実装が必要です。

　そのため、むやみにKVSを採用するのではなく、KVSの大きな特徴である「拡張性」「高性能」が必要となる場面でのみKVSの採用を検討しましょう。筆者の経験上、下記の場面ではRDBが扱いやすいことが多いです。

- IoTサービスの初期検証の段階や全体規模が小さい場合
- 受信データを構造化して格納したい場合
- RDBの設計や運用設計で対応できる場合

　また、管理系の情報はRDBを利用して、収集データの蓄積専用データベースとして分散KVSを使用するといったハイブリッド型で運用している事例もあります。

データベース運用

　送られてくるデータ量が増加すると、蓄積するストレージの容量もその分だけ必要になります。この際、アプリケーションからのDBアクセス時間の増加にも注意しておきましょう。蓄積データ数が少ない状態では、データ取得時間や検索速度に問題がなくても蓄積データ量が多くなると、DBアクセスの速度が遅くなり、アプリケーションの動作が重くなるといったトラブルが発生する可能性もあります（図5.17）。

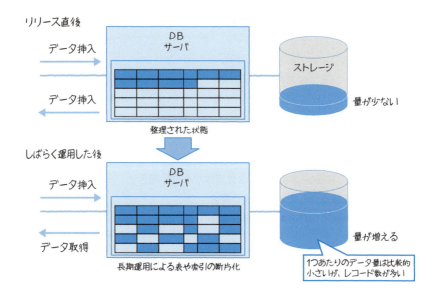

図5.17　データベース運用

◉機能を分散する

　IoTシステムを開発する際には、センシングしたデータをすべてセンタ上に送り、センタ内で分析判断して、命令を実行するような、すべての機能をサーバに集約することが多いです。しかし、大規模なIoTシステムでは、接続される端末の数は数万になることもあり、サーバでの受信処理が追いつかない可能性があります。

　その対策としては、先述の受信処理の工夫もありますが、別の方法として、デバイスやゲートウェイへの機能の分散を行なう考え方があります（図5.18）。

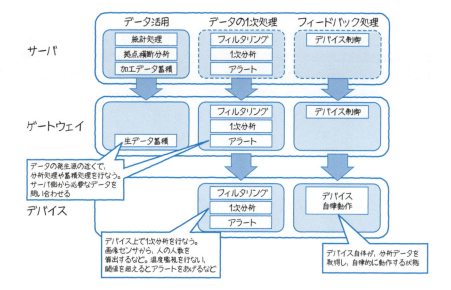

図5.18 データ処理、デバイス制御の機能分散

特に下記の場合には、機能分散を検討してみると良いでしょう。

- **デバイスごとにセンシングするデータ量が多い場合**
- **リアルタイムのアクションが必要な場合**

センサ端末は10秒に1データを取得できたとしても、業務アプリケーションから見ると10分ごとのデータがあれば良い場合もあります。つまり、利用しない不要なデータをサーバに送り続けていることになり、結果的にムダな回線コストやストレージ消費が発生しています。そのため、すべてをサーバ側で受信するのではなく、ゲートウェイ端末上で工夫を行なうことが重要です。たとえば、

- **フィルタリングによるデータ監視を行ない、異常データのみを送信する**
- **1次分析を行なうことで、分析結果のみを送信する**

などです。このようにすることで、サーバ側の負荷も抑えて、効率的なデータ収集を行なうことができます。

また、リアルタイムでの制御を行なう場合、サーバ側で一括制御を行なうと、ゲートウェイ～サーバ間の3G／LTE回線品質の不安定さにより、制御が遅れ、失敗する可

能性があります。そのため、細かい制御指示については、サーバ側で実施するのではなく、なるべく制御対象の近くで、動作判断と制御を実施したほうが良いと考えられます。先ほど紹介したフロアのモニタリングシステムでのLED照明制御では、この機能分散方式をとっており、開閉センサ情報を用いてゲートウェイ上で状況を判断し、リアルタイムでの照明制御とサマリデータのサーバ登録を実施しています。

なお、この機能分散については、研究開発が進みつつあり、モジュール化された機能を動的に、サーバ上やゲートウェイ上に配置する技術などが開発されてきています。すべてにおいてそうですが、この機能分散アーキテクチャが必ずしも正解ではありません。システム要件に合わせて最適なアーキテクチャを選択することが大事です。

◉システム構成要素の堅牢性を高める

IoTシステムでは、おおむね無線通信を用いるため、データの到達性が低くなります。無線通信を用いるということは、通信経路上に壁やビルといった障害物が設置されると、電波がさえぎられて通信がつながらなくなるかもしれませんし、周辺の電波と混信することで回線が不安定になるかもしれません。

また、センサネットワークによっては、設定や管理をシンプルにするために、センサネットワークのグループなどをすべて同じにする場合があります。そうすると、受信機が2つ設置されていると、1つのセンサ端末から発出されたセンサデータを異なる受信機で受け取り、それぞれセンササーバに送信するので、サーバ上では、同一時刻に同じデータが存在することになります。そのため、センサ端末、ゲートウェイ端末、サーバ上のアプリケーションで堅牢性を高めることが重要です（図5.19）。センサデータが届くのが前提で動作するような設計や、測定したセンサデータが重複した場合に動作しない設計などは避けるべきです。

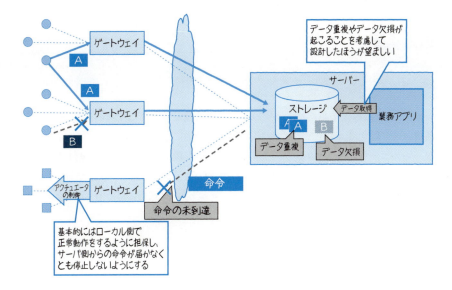

図5.19　システムの堅牢性を高める

　特にアクチュエーションをする場合などは要注意です。アクチュエータが外部からの指令によってのみ動作する仕組みの場合、無線通信が途絶えてしまうと、前回動作終了時の状態をずっと継続することになります。たとえば、人の混雑状態に合わせたLED制御では、混雑状態のときに赤色に設定し、その後人が減ってきたので青色に設定するシーンを考えた場合、電波状態の悪化により、青色に設定する命令が届かなくなった際には、LEDは赤色のままになり、誤った表示となってしまいます。また、ロボットなどの制御では、動作指令の後の停止命令が届かないと、ずっと動き続けてしまいます。おもちゃならば、笑い話で済みますが、大型のロボットなどでは、人を傷つけるかもしれません。そのため、通信によって動作するアクチュエータは、通信の切断が発生することを念頭に置き、1命令ごとに1つの動作を実行して元に戻るようにしたり、切断時には切断時の動作（LEDを消したり、ロボットのモータを停止させるなど）を行なうように動作設計するのが望ましいでしょう。

　また、遠隔制御では、動作指令した側からすると、本当に動作が実行されているか把握するケースがほとんどなので、動作実行の終了を伝える、もしくは、別のセンサなどで把握できるように設計するのが望ましいと考えられます。

5.4.3 ネットワーク

●通信効率化

　IoTシステム導入にあたり、通信コストが目に見る数字として表面化してきます。通信コストは主に、キャリア回線使用時の回線費用になり、加入プランにもよりますが、使えば使うほど費用がかかります。また、その費用はシステムが稼働する限り発生し続けます。拠点数（ゲートウェイ数）が多いほど、通信コストがかかることになります。そのため、ゲートウェイからサーバへのデータ送信にあたり、1拠点あたりの通信量を抑える工夫を検討します。

データ圧縮

　ゲートウェイ端末からセンタサーバに送信するセンサデータを、ゲートウェイ端末上で一時的に蓄積し、蓄積したデータをまとめて圧縮することで、通信量の削減が可能です。特にゲートウェイ端末に接続されるデバイス数が多い場合やセンサ端末からのデータ送信間隔が短い場合には、収集するデータ数が多くなるため、センサデータを受信するたびにセンタサーバに送信する場合に比べて、大幅に送信データ量を削減することが可能です（図5.20）。

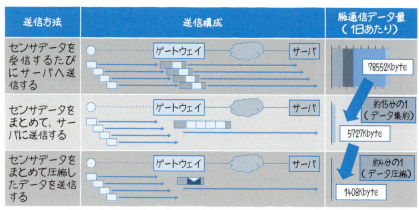

図5.20　データ圧縮による送信データ量の削減

また、センサデータのアップロード間隔を長くすることで、1つの圧縮データの中のセンサデータ数が増えるため、分割して圧縮データを送信するよりも効率的にセンタサーバへアップロードすることができます。

　もちろん、リアルタイムで分析して「見える化」や、機器制御まで行なうシステムには向いていませんが、収集したセンサデータを後で分析するといった、リアルタイム性が小さいシステムについては効果的な手段となります。

プロトコル選択

　ゲートウェイとサーバ間の通信プロトコルについても、利用する通信プロトコルによって、ゲートウェイやサーバに負荷をかけない軽量な通信が行なえたり、通信量を抑えることできます。

　たとえば、第2章で説明したHTTPとMQTTを比べると、HTTPはプロトコルのヘッダサイズが大きく、さらにデータ送信するたびにTCP接続／切断のパケットが流れるため、データを送信するほど、総データ通信量が多くなります（図5.21）。一方MQTTはヘッダサイズが少なく、またTCPのコネクションを維持して、次回のデータ送受信を行なうため、総データ通信量をHTTPよりも抑えることができます。

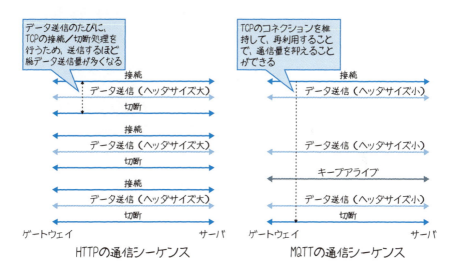

図5.21　HTTPとMQTTの通信シーケンス

なお、MQTTを利用する場合の注意点としては、MQTTのTCPコネクションを維持した状態でデータ送受信を行なうように実装することです。MQTTでは、TCPコネクションを維持することで、通信量の削減を行なっているので、データ通信ごとにTCP接続を切断してしまうような実装をしてしまうと、HTTPと同様にデータ送信ごとに接続／切断処理が実行されてしまい、結局通信量が増加してしまいます。

5.4.4 セキュリティ

◉セキュリティ設計

　IoTの普及にあたり、セキュリティの確保が懸念されています。IoTサービスでは、さまざまなデバイスがネットワークに接続されるため、外部から攻撃されるリスクが高まります。すでにネットワーク接続された防犯カメラがハッキングされて画像が盗まれたり、他のシステムへの攻撃のため踏み台にされたりといった事例もあります。海外では、自動車を組み立てる制御系システムがウィルス感染してシステム停止となる事例が発生しています。

　IoTサービスのシステム開発においては、開発の初期段階では、効果検証を行なうために動作の実現に意識が向くことが多く、セキュリティの観点が後回しになりがちです。そして、後からセキュリティ対策を実施したくても、コスト面の課題から対策しきれないといった問題が発生します。また、元々クローズな環境で動作していたデバイスをネットワークに接続する場合は、想定していないセキュリティリスクにさらされることになるでしょう。そのため、IoTサービスにおけるセキュリティ品質を高めるためには、設計の段階からセキュリティ設計を進めることが必要です。

リスク分析

　セキュリティ設計では、まずリスク分析を行ないます。詳細は専門書に譲りますが、リスク分析では、守るべき資産と脅威を洗い出し、洗い出した脅威ごとに重要度や優先度を決めていきます。

多層防御

　リスク分析の次のフェーズが、想定される脅威に対するセキュリティ対策の検討です。この際に重要となるのが、多層防御の考えです（図5.22）。

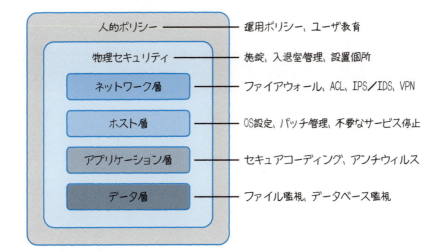

図5.22 多層防御の考え方

　多層防御とは、複数の層でのセキュリティ対策を実施し、1つの層が破られても別の層で守る考え方です。たとえば、ホストに最新パッチを適応して脆弱性対応しておくことで、ファイアウォールが破られても、乗っ取られるリスクを下げたり、不正アクセスされてファイルを盗まれても暗号化により読み取れないようにしたりして全体的なセキュリティの品質を高めます。

　多層防御では、アプリケーションやOSなどのソフトウェアでの対策だけではなく、施錠管理や運用ポリシーなど物理的や人的な面も含めて、セキュリティ設計を行ないます。IoTシステムでは、デバイス側とセンタ側でシステムが分散されており、またデバイス側は運用者の手の届かないところで運用されます。そのため、この多層防御の考えにより、デバイス側、センタ側、その結合点でのセキュリティ品質を高めることが望ましいでしょう。

　以降では、下記の各構成要素について、IoTシステムならではのセキュリティ対策について説明します。

- デバイスを保護する
- サーバ側システムを保護する
- 収集データのプライバシーを守る

⦿デバイスを保護する

　デバイス管理の面では、多数のデバイスが運用者の手の届かないところで運用されるため、基本的にはデバイス単体でのセキュリティ品質を高めることになります。

　インターネットゲートウェイ端末の管理は、特に注意する必要があります。インターネットゲートウェイ経由でIoTシステムと通信を行なうため、ゲートウェイ端末にはセンサの認証情報やアプリケーションの情報などが格納されている可能性があるためです。デバイスのセキュリティ対策は予防、検知、運用の観点から見ると、下記のようなセキュリティ対策が考えられます。

予防

　まず物理的な対策として、盗難や第三者からの物理アクセスを予防するために設置場所を検討します。デバイスは、小型で持ち運びが可能なため、盗難の危険性が高くなりますが、1つ1つのデバイスの持ち去りを検知することは困難です。そのため、極力、運用者のみが触れるような設置を行ないます。

　デバイス内の対策としては、外部からの攻撃に対する対策として、不要なサービスの停止や、必要な通信のみを許可するホワイトリスト形式でのファイアウォール設定を実施します。近年のゲートウェイデバイスは、Linuxベースの製品が多く、開発しやすい反面、任意のソフトウェアを容易にインストールできてしまいます。そのため、開発者が独自に試験ツールなどを入れる可能性があり、気づかないうちに、不要なサービスが起動している可能性があります。検証時にFTPやSSHなどを起動することがありますが、これらのサービスが外部に対して公開されると非常に危険です。本番環境では必要なサービスのみが起動していることを確認するようにしましょう。

　また、容易に端末ログインをさせないために、ID／パスワードなどによるログイン認証を行なうことが望ましいでしょう。

検知

　万が一、不正アクセスや改ざんをされた場合は、それらを検知する必要があります。また、不正アクセス検知については、外部ネットワークからの通信を監視して不正アクセスや攻撃の疑いのある通信を発見し、アラートを挙げることが考えられます。

　改善検知の具体的な方法の1つとして、Transitive trust（遷移的信頼）があります。これは、機器の電源を投入したときに、設計者が意図した状態で動作しているか確認する方法です。もっとも信頼できる起点から、BIOS→ブートローダー→OS→アプリといった遷移状態の順にコンポーネントの計測を行ない、正当性を認証します。

運用

　ソフトウェア内部に潜む脆弱性は日々発見されています。つまり、セキュリティ対策を万全に行なったデバイス端末をリリースしたとしても、日ごとにセキュリティ品質が低下していくことを意味しています。

　たとえば、2014年4月に発覚した暗号化ライブラリ「OpenSSL」のソフトウェアバグが発生した際には、OpenSSLライブラリを利用しているプロセスのメモリの内容が漏えいする恐れが発生し、早急な対策が求められました。そのため、定期的に脆弱性に対するアップデートを行なうことで、セキュリティ品質を維持することが重要です。また、ログインのID／パスワードについても、万が一、漏えいした場合には、早急な変更が求められるので、ID／パスワードについても変更手順を確立しておく必要があります。

　とはいえ、遠く離れた多数のデバイス1つ1つに対して、ソフトウェアの更新や設定変更を行なうことは大変な作業です。そこで5.4.5項で後述しますが、ゲートウェイデバイスの遠隔運用についても検討すると良いでしょう（図5.23）。

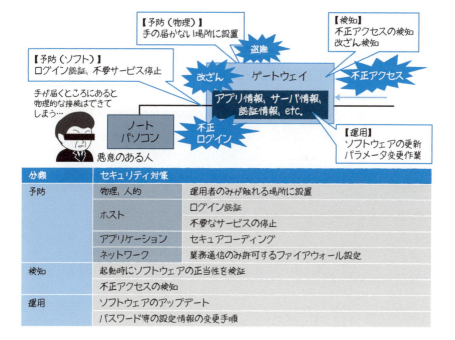

図5.23　デバイスのセキュリティ対策

◉サーバ側システムを保護する

サーバ側のシステム保護については、一般的な業務／情報システムでのセキュリティ対策に加えて、デバイス接続に起因するセキュリティリスクに対しての対策を検討します。ここでは、IoTシステムならではのセキュリティ対策として、ゲートウェイ端末の認証とデータ流量制御について説明します。

ゲートウェイデバイスの認証

インターネット上にサービスを公開する場合、システム管理対象外の不正ゲートウェイ端末からアクセスされる可能性があります。また、専用線を利用したとしても、ユーザが勝手にゲートウェイ端末を設置する可能性もあります。このような場合、不正ゲートウェイ端末の存在により、処理負荷の増大やセキュリティホールを突いた不正アクセスが発生し、他の正常なゲートウェイ端末からのデータ処理に影響を与えるかもしれません。

これらの対策として、ゲートウェイデバイスの認証が挙げられます。センタで許可したゲートウェイ端末のみがセンタにデータ送信できるようにすることで、不正なゲートウェイ端末からのアクセスを軽減する対策です。手段としては、

- センタ側であらかじめ払い出したID／パスワードやクライアント証明書を用いて認証する方法
- ゲートウェイからの接続要求に対してサーバ側の運用者が確認のうえ、接続を許可する動的な方法

などがあります。ただし、ゲートウェイ上にサーバへの接続認証情報を保存する場合には、先ほど説明したデバイス自体のセキュリティ対策を行なうとともに、認証情報の運用についても忘れずに検討しましょう（図5.24）。

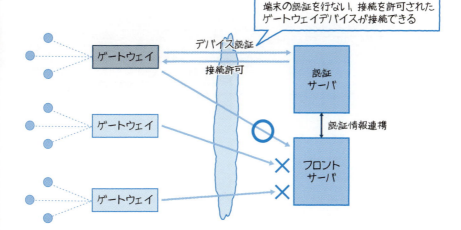

図5.24 認証されたゲートウェイデバイスからの接続を許可する

データ流量の監視と制約

　不正ゲートウェイデバイスの接続や、センサ端末の送信周期の変更、センサ端末の増加により、サーバが受信するデータ量が急激に増加する可能性があります。認証したゲートウェイ端末からのデータを、センタ側でそのまま受信／処理する機能しかない場合、データ量が増加した場合、そのまま処理することで負荷が増大し、他のデータ処理にも影響が発生してしまう恐れがあります。このような場合に備え、受信するデータ流量の監視を行ない、異常な流量の場合には受信を行なわないといった流量制御の対策が考えられます（図5.25）。

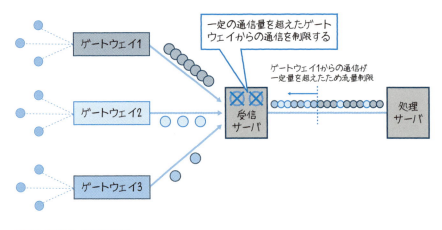

図5.25　受信データの流量制御

◉取集データのプライバシーを守る

　温度情報や電力データなどのセンサデータは、その1データだけ用いても大きな意味を持ちませんが、個人情報や計測位置に紐づけたり、データの分析を行なったりすることで、センサデータ値以上の意味がわかります。

　たとえば、家に取り付けられた電力データなどを観測すると、人が不在のときには消費電力が下がり、人がいるときには消費電力が上がることがわかります。こういったデータは、高齢者の見守りなどで活用できる一方で、裏を返すとセンサデータ1つで家の在宅状況が判明することになり、防犯上問題が発生するケースもあります。そのため、IoTシステムを構築する際にも、取得データのプライバシーを守る必要があります（図5.26）。

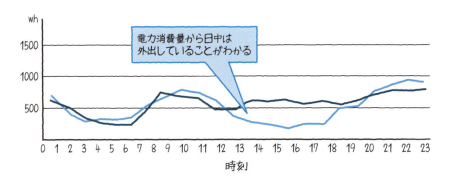

図5.26　電力消費量から在宅状況や行動が推定できる

通信路上のデータ秘匿化

通信経路上において平文（暗号化されていないデータ）で通信を行なうと、通信内容を盗み見られる可能性があります。特にゲートウェイ～サーバ間においては、ゲートウェイからセンタへの認証情報や、センサデータの中身を第三者に盗聴される恐れがあるので注意が必要です。

通信経路からのデータ漏えいを防止するには、SSL（Secure Sockets Layer）やIPsec（Security Architecture for the Internet Protocol）といった通信路の暗号化技術を利用して、アプリケーション間のデータ通信の暗号化や、通信路自体の暗号化を行ないます。また、デバイスのキャリア（通信サービス事業者）が提供する閉域網サービスを利用することもできます。

センシングデータのプライバシー保護

IoTサービスで計測したセンサデータは、分析者へのデータ提供や、外部へのデータ公開など、2次利用をすることがあります。しかし、先述のようにセンサデータからプライバシー問題が発生するリスクがあるため、センシングデータの取り扱いには注意する必要があります。

これらを解決する技術として、暗号化した状態のまま許可された情報のみを取り出して加工／分析できる技術や、個人を識別できないよう情報量を削減する匿名化技術について研究開発が進んでいます。

5.4.5　運用／保守

IoTサービスではサーバ上のシステムに加えて、デバイスやゲートウェイについても運用保守の対象となります（表5.4）。運用業務としては、デバイスやゲートウェイの接続状態や通信状態の監視やデバイス自体の故障対応があります。また、保守業務は、システム障害発生時の原因調査や、デバイスの種類増加への対応などがあります。

表5.4　IoTサービスのシステム運用保守

項目	内容	IoTシステムとして考慮すべき事項
システム管理	システムの稼働状態の監視。CPU利用率、メモリ使用量、バッチ実行結果を確認し、障害発生の前兆を事前に察知する	急激なデータ量増加がないか確認 不正なデバイスからの接続有無を監視 センサデータの欠損発生を監視
障害対応	障害の復旧作業。障害発生時の原因調査と対処を行ない、定常状態に復旧する	デバイスとの通信障害時の早急な原因調査 代替機の調達
セキュリティ管理	セキュリティ品質の維持。セキュリティパッチ適用やウィルスパターン更新を行なう	多数設置されたデバイス、ゲートウェイへのパッチ適用やソフトウェアアップデート
システム保守	システムの変更や拡張対応。運用とは異なりシステムに手を加える作業を行なう	計測地点増加に伴うデバイス、ゲートウェイ拡張手続き デバイス種類増加への対応
問い合わせ	ユーザからの問い合わせ対応。システムの操作方法サポートや、障害発生時の窓口対応を行なう	デバイス、ゲートウェイ故障時、不具合時の稼働状態問い合わせ

　繰り返しになりますが、IoTシステムは多数のデバイス、ゲートウェイといった物理デバイスから構成されているうえに、通信経路上にセンサネットワークや3G回線など無線通信が入ってくることがよくあります。そのため、デバイス類の故障や、通信障害といったシステム障害が発生しやすいです。そこで、障害発生時に重要となるログ設計とともに、遠隔地のデバイス／ゲートウェイを効率良く運用するための機能について説明します。

◉ログ設計

　障害検知後の障害調査には、ログが必須となります。データが通過するデバイス、ゲートウェイ、サーバの各構成要素上で、ホストOSや起動アプリケーションごとに、必要なログを取得するようにします。図5.27に示すように、適切にログを出力することにより、障害の切り分けと障害箇所／原因の特定をスムーズに行なうことができます。

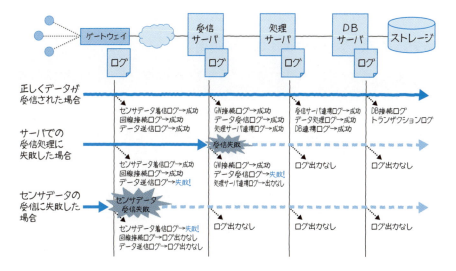

図5.27　ログによる障害箇所の調査

　特にゲートウェイ端末については、サーバ側のシステムとセンサネットワーク側のシステムの境界となるため、システム障害の切り分けポイントとして重要となります。接続してきたIoTデバイスの情報や受信センサデータ、回線の電波情報、センサデータのセンタサーバへの送信可否情報などをログとして保存することで、センサ受信の問題なのか、3G回線接続の問題なのかといった障害時の原因特定をスムーズに行なうことができます。

　また、ログの出力容量には注意が必要です。まずゲートウェイについては、スペックによっては、ディスク容量が少ない場合があります。その場合、ログファイルのサイズ上限に到達してしまい、古いログが消えてしまう恐れがあります。実際にIoTシステムを運用していると、ゲートウェイ配下のセンサデバイスなどの障害については、大量のデバイスすべてをリアルタイムで動作状況確認する仕組みがない場合、センサデータを利用するタイミングで異常に気づくことが多く、障害が発生してから数日経っていることがあります。その際に、ログが消えていると障害原因調査に手間取ることになります。

　次にサーバについては、一般的にセンサデータ収集処理やデバイスの制御処理を行なうと、各サーバの中でログを出力することになります。しかし、サーバ側システムには大量のセンサデータが届くので、1処理あたりのログ出力サイズが大きいと、あっという間にログがあふれてしまいます。設計によってはログ書き込みに失敗すると、アプリケーションが停止してしまう場合もあります。そのため、IoTシステムならで

はのログ容量や保存期間などを考慮したうえでログ設計を行ないましょう。

◉デバイス、ゲートウェイの遠隔運用

運用を効率化する手段の1つに、デバイスの遠隔運用があります。これまで話してきたように、障害発生時の原因調査では、ゲートウェイデバイスのログを確認することになります。また、デバイス追加やソフトウェアのファームアップデートの際にも設定ファイルの変更や再起動など、デバイス上での操作が必要になります。しかし、デバイスの設置場所とシステムの運用場所は離れていることが多く、現地までいくには時間も人件費もかかります。さらに現地でも手の届かない場所にデバイスが設置されているため、フロア担当者や設置業者と日時調整することになり、単純な作業だけだとしても、多くのコストがかかることになります。

そこで、実運用にあたって、デバイスをネットワーク越しに遠隔から管理する機能が求められます（図5.28）。遠隔管理では、リモートでのパラメータ設定やログ取得、アプリ／ファームウェアのアップロード機能などを提供します。

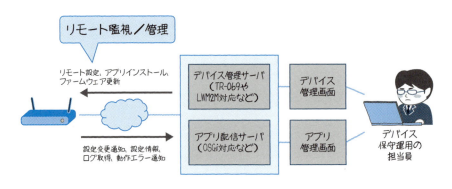

図5.28　デバイスのリモート管理

遠隔管理の標準化プロトコルとしては、TR-069やOMA LightweightM2M（LWM2M）といったプロトコルがあります。これらの標準化プロトコルでは、デバイスの遠隔管理時に必要な機能について、管理サーバとデバイス間における通信手段の枠組みを取り決めています。枠組みなので、実際にこれらのプロトコルを利用してリモート管理を行なうためには、この枠組みを実装したミドルウェアを利用し、さらに枠組みに従って各機能をデバイスとサーバ上に実装することになります。

たとえば、TR-069は、デバイスとサーバ間はSOAPで通信を行ない、「利用できる

メソッドの取得」「パラメータの取得／設定」「再起動」「アップロード」などのメソッドが定義されています。規定されている通信のやり取りは、ミドルウェアを利用したうえで、システム依存となる箇所（読み取るファイルの具体的なパスや、再起動するためのコマンドなど）を実装していきます。

5.5 IoTサービスのシステム開発に向けて

　本章では、IoTシステム開発事例にもとづき、デバイスを利用するシステムならではの留意点について解説してきました。デバイスを含むシステムについては、実際に開発／運用してみないとわからないことが多くある一方、一度トラブルが発生すると遠く離れたデバイスが関わっているため、容易に解決できない場合があります。この章で触れた内容が、少しでもみなさんのIoTシステム開発の成功の手助けになれば幸いです。

　最後に5.4節で解説した、IoTシステム開発のポイントを表5.5にまとめておきましょう。システム開発時に参照しやすいよう、デバイスとシステム全体の各々に対して、非機能要件ごとに整理しました。IoTシステム開発時に活用してください。

表5.5　IoTシステム開発ならではの検討ポイント

	デバイス／ゲートウェイ	システム
可用性／耐障害性	要件と寿命を考慮したセンシング間隔 駆動時間（自律電源の場合など） データ値の計測誤差や端末誤差 故障率（連続稼働時間）	システム構成要素の堅牢性
性能／拡張性	センサ端末増加や拠点数増加時の手続き	多様な接続デバイスへの対応 センシング間隔変更や端末増加への対応 ○データ受信／処理負荷 ○蓄積データ量増加 ○蓄積データアクセス時のレスポンス時間
セキュリティ	ログイン／設定方法 設置場所（人が届かない場所） セキュリティ情報の変更方法（パスワードなど） データの暗号化 ソフトウェアアップデート手段の確保	不正なゲートウェイからのアクセス防止 データ流量の監視と制約
運用／保守	デバイス、ゲートウェイ故障時の復旧方法や代替機調達方法	センサ端末／ゲートウェイ故障時の障害検知 遠隔地のゲートウェイの運用手段の確保（設定変更、ログ取得など） 大量データのバックアップ範囲と周期 通信コストを抑える手段の検討
システム環境／エコロジー	設置環境（温湿度など） 製品安全性、電波干渉など法的規制への対応	センサデータサイズ、センシング間隔 接続センサ端末数、ゲートウェイ数

第6章

IoT とデータ分析

6.1 センサデータと分析

これまでの章で見てきたように、センサを搭載したデバイスがネットワークにつながり、あらゆる情報がIoTサービスに収集できるようになりました（図6.1）。

工業の分野では、工場における生産ラインや、流通する製品をICタグをつけることによって管理することで効率的に管理できるようになってきています。また、出荷された後も、製品の各部に埋め込まれたセンサによって稼動状況を取得することで、機器を用いた作業を自動的に記録できます。さらに、高度なものとして、故障の予兆を発見したり、メンテナンスが必要なタイミングを通知したりする仕組みもあります。

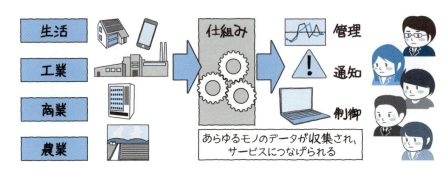

図6.1 さまざまなセンサデータとサービス

身近な生活まわりで見てみると、現在の私たちの生活行動と密接に関連しているスマートフォンのような、たくさんのセンサが仕込まれたポータブルデバイスは多くの情報を収集することを可能にしました。また、第7章で取り上げるウェアラブル（身に着ける）デバイスを通して、ユーザの健康に関する情報を定常的に収集することで、健康管理に役立てるような製品も登場しています。

その他にも、家電製品や自動車、住宅など、身のまわりの多くのものがセンサを装備するようになっており、あらゆる場面でデータが生み出され、集積される時代になってきています。

こういったセンサを活用したサービスにより、製造機械の故障を未然に防ぎ、ユーザのビジネスが停止してしまう時間を軽減できます。また、自らの体の変化を予測し、未然に病気を防いでしまうなど、従来にはない新たなユーザ体験を得られる可能性があります。

しかし、センサやデバイスから送られてくるデータを集めただけでは、膨大なデータの集まりに過ぎません。そのまま活用するのは難しく、サービスを実現するためには、集めたデータから価値のあるデータを分析する必要があります。データの分析を行なうことで、機器の稼動状況を把握する、傾向を見出して今後起こりうる異常を事前に検知する、ということがはじめて可能となります。データの集まりから付加価値を生み出すサービスへと昇華することができるのです。

6.1.1　分析の種類

センサが収集したデータは、目的に合わせた分析を行なうことでサービスに必要な付加価値を生み出すことができます。その分析は、どのようにして実施されるのでしょうか。

第1章では、統計分析と機械学習という2つの分析手法を説明しました。本章ではもう少し細かく見ていきましょう。

センサデータの種別にかかわらず、分析はその目的により、集計に基づく「可視化」の分析と、統計解析や機械学習などの高度な分析に基づく「発見」「予測」の分析に大別することができます（図6.2）。

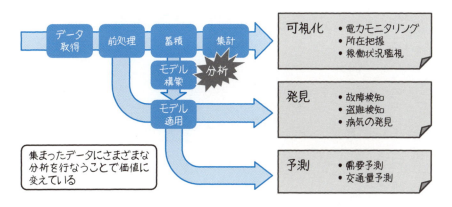

図6.2　分析の種類

●可視化の分析

「可視化」とは、蓄積されたデータを加工し、目的に合わせて集計、グラフ化することにより、データの内容を人間の目で見てわかる形に加工する分析です。これは、表計算ソフトを使ってデータに計算を施し、グラフ化することで数値を図形化して見

やすくする、という多くの人が経験したことがある処理と同じです。IoTの場合はデータベースなどに貯め込んでいるセンサデータを取り出し、表計算ソフトで時系列に読み込みグラフ化します。

●発見の分析

次に、「発見」とは、可視化で用いられる集計分析に加えて、統計解析や機械学習などの高度な手法を活用することで、データの傾向や規則、構造などを発見する分析です。人間がグラフや表を見ただけでは到底思いつかないような、隠れた法則性や傾向をデータから抽出します。たとえば、IoTでは多くの種類のセンサを使用します。そのような場合、複数のセンサデータの関係性を人間が見つけ出すことは難しいのですが、この分析によってデータの関係性を見つけ出すことができます。

●予測の分析

続いて、「予測」とは、過去に蓄積されたデータから傾向や法則性を見出し、今後起こりうることを把握する、未来を知るための分析です。過去に蓄積されたセンサデータを分析することで、新しいデータセットが与えられた場合に、それがどんな事象を表わすのか導き出すことができます。

ここからは、これらの3つの分析についてその内容や関連する知識を理解していきましょう。

6.2 可視化

6.2.1 集計分析

　集計分析とは、データを加工し、人間が直感的にわかる形としてデータを表現することです。集計分析は最も簡単な分析ですが、その手順は次の高度な分析を行なう場合と共通しており、一般的に図6.3の処理が必要になります。

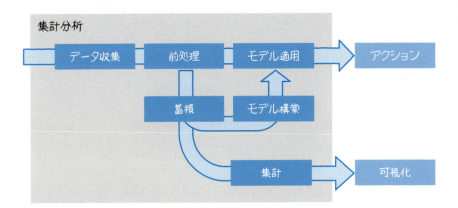

図6.3　集計分析と可視化の流れ

●データ収集

　データ収集はその名の通り、分析対象となるデータを集め、ファイルとして保持する、データベースに蓄積する、あるいはメモリ上に展開しておくなどして、データを作業場となる環境に保管します。多くの場合はすでに蓄積された過去のデータを対象とすることが多いことから、データベースを利用します。膨大なデータの場合にはHadoopなどの基盤に蓄積されていることもあります。

　これらのデータは必要に応じてSQLや検索ツールを利用して取得し、表計算ソフトに読み込ませたり、CSV形式のデータにしてRなどの統計解析ソフトで処理します。

●前処理

前処理は、「データ収集」で収集したデータに対して、必要ない余剰なデータをカットします。また、データになんらかの処理を加えて意味のあるデータに加工したり、場合によっては複数のデータをつなぎ合わせるなど、対象のデータを作り出します（図6.4）。

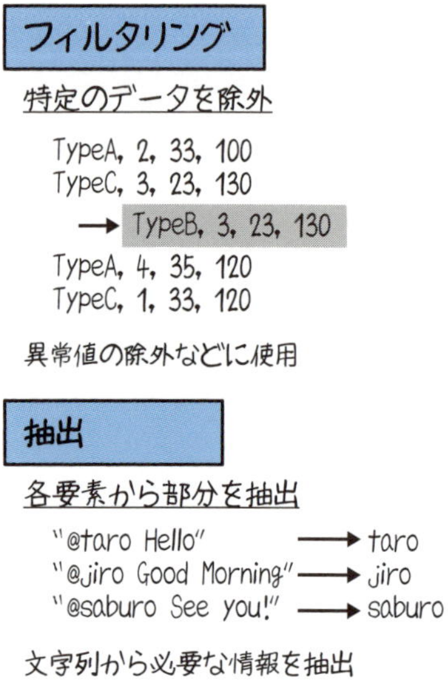

フィルタリング
特定のデータを除外

TypeA, 2, 33, 100
TypeC, 3, 23, 130
→ TypeB, 3, 23, 130
TypeA, 4, 35, 120
TypeC, 1, 33, 120

異常値の除外などに使用

ジョイン
複数のデータを結合

TypeA, 2, 33, 100　　TypeA, Large
TypeC, 3, 23, 130　　TypeB, Middium
TypeA, 4, 35, 120　　TypeC, Large
TypeB, 1, 33, 120
TypeB, 1, 31, 130

マスタ情報の紐付けなどに使用

抽出
各要素から部分を抽出

"@taro Hello" → taro
"@jiro Good Morning" → jiro
"@saburo See you!" → saburo

文字列から必要な情報を抽出

演算
数値に任意の処理

10000, 30% → 7000
5000, 20% → 4000
6000, 10% → 5400

分析対象となる指標を作成

図6.4　前処理の例

　分析対象のデータがセンサの場合、IoTサービスに逐次送信されてくるセンサデータは膨大な量になります。しかし、実際に利用したいデータはその中のごくわずかであることが多いです。そのため、用途がすでに確定している場合には、前処理を収集と同時に行なってしまうことで、データベースに不要なデータを貯めることを抑え、データ使用量の節約につながります。しかし、処理済みのデータから元データを復元するのは困難なことが多いため、分析に有効となる必要なデータが未知の場合には慎重にこれらの処理を実施するかどうかを判断しなければなりません。

　このように、データが発生した時点で処理を行ない、処理済みのデータをリアルタイムに得るためには、CEPのようなデータ処理のための基盤技術が必要です。このCEPについては後述します。

◉集計

　集計とは、数値データをもとに、合計、平均、分散、分位点（中央値含む）などの統計値を算出することを指します。これらの処理は、データが表形式でデータベースに格納されているような場合にはSQLで実行されることが多いでしょう。SQLには平均や合計を計算する命令が存在します。さらに、プログラムを組んで集計処理を行なうことが考えられますが、集計を実施すること自体は多くのプログラマにとってさほど難しい処理ではありません。しかし、プログラムで計算する場合、プログラミングや言語特有の仕様により計算誤差が出ることがあります。そのため、統計解析ソフトであるRや各言語で提供される数値計算のライブラリを利用することが望ましいです。

　また、表計算ソフトのピボットテーブルの機能も、集計分析を実行する馴染み深い手段の1つです（図6.5）。ピボットテーブルでは、行見出しと列見出しに属性データを、集計対象として数値のデータを指定することで、合計、平均、分散などの統計値を属性ごとにグループ化して計算できます。その他にも、属性をもとにフィルタをかけるなどの処理も実施できるため、さまざまな集計をインタラクティブに実行したい場合に非常に優れたツールといえます。集計の処理をGUIベースで実行できるため、馴染みのないユーザが勘をつかむのに適したツールでもあります。

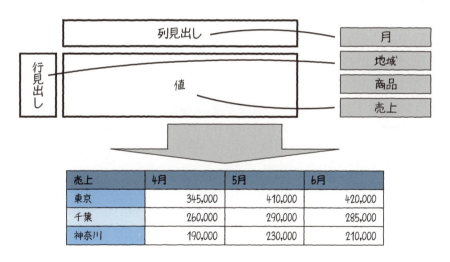

図6.5　ピボットテーブルの例

●グラフ化の一例

　集計結果の表現方法は、単純に表形式で見せたり、平均や分散のような指標として提示したりと、さまざまです。グラフ化する場合に利用できる、一般的なグラフの種類には図6.6のようなものがあります。

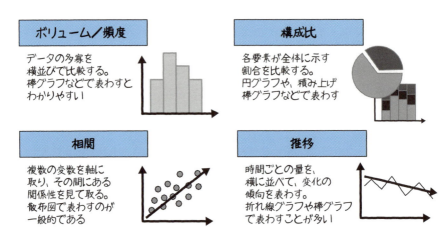

図6.6　グラフの種類と特徴

　これらのグラフをうまく活用し、さまざまなデータの中身を一目で把握できるようにすることが望ましいといえます。
　可視化の例を1つ見てみましょう（図6.7）。

- 家庭における電力の使用量の推移を取得し、日ごとの電力使用量の推移や曜日／時間帯ごとの平均使用量をグラフに表わすことで、電力の使用状況を知る

といった分析がこの可視化にあたります。

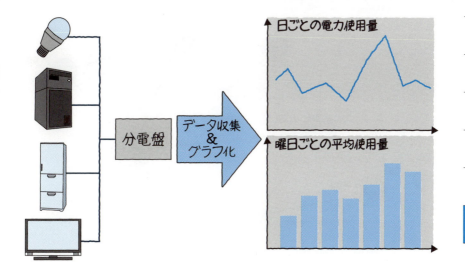

図6.7　可視化のイメージ

　上記のグラフのほかにも、現在はツールやライブラリの発達により、新しい種類のグラフが登場しています。その中で集計に活用できるものをいくつか見ていきましょう。

●ネットワークグラフ

　ネットワークグラフとは、図6.8のように、ノードと呼ばれる節と、ノード同士をつなぐパスと呼ばれる枝から構成されるグラフのことです。

　近年、CytoscapeやGephiのような扱いやすいツールの登場により活用が進んでいます。ネットワークグラフは、SNSなどのソーシャルメディア上で、ユーザ間のつながりの様子を可視化したり、顧客と営業担当の折衝の状況や自社で扱っている商品間の併売などの関係性などを可視化したりといった活用が広がっています。データ同士の関係性のつながりを示すのに有効なグラフです。

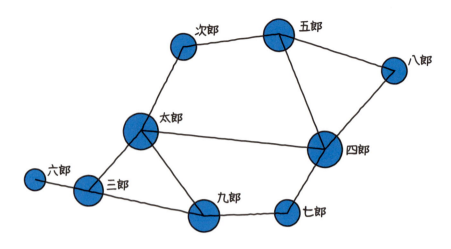

図6.8 ネットワークグラフの例

●ジオグラフ（地理グラフ）

　ネットワークグラフと同様、ジオグラフもツールやサービスの発達により、急速に活用が広がっている可視化の1つです。ジオグラフは、地図上にデータをプロット（配置）し、可視化するグラフです（図6.9）。

　GPSがスマートフォンや自動車など、さまざまな端末に装備されるようになったため、それらの情報を地図上にマップして見ることができれば、表形式で見ても気づき得ないような地理的な因果関係を直感的にとらえることができるようになるでしょう。代表例は、いまやだれもが知るGoogle Mapです。Google Mapとして地図を見るだけでなく、APIを利用することで、地図上の任意の場所にピンを打ったり、線を描画したり、ポリゴンを活用することで任意の図形を描画することまでできてしまいます。これにより、地理情報に関連したデータを地図上にマッピングし、ユーザは好きな場所や縮尺でそのデータを閲覧できます。

　Google MapのようなWebを通して提供されるサービスのほかにも、QGISのようなOSSのデスクトップツールなども提供されており、活用が広まっています。また、サービスやツール以外にも、D3.jsのようなJavaScriptのSVG描画ライブラリを用いることで、地形のデータから地図を描画することも難しいことではなくなってきました。

　これらのように、いまや専門知識がなくともジオグラフを分析に活用することが容易になってきています。

図6.9　ジオグラフの例

　このように、現在も可視化のためのツールは広がりつつあります。今後、センサにより取得されるデータが多様化するにつれ、センサが収集したデータをより直感的にとらえるための可視化技術が求められます。また、「発見」のための分析のように、高度な分析を用いる前段階として、データの質やおおまかな傾向をつかむ可視化は必要不可欠な基礎となります。

6.3 高度な分析

ここから紹介する「発見」や「予測」のための分析は、先に紹介した「可視化」の作業ステップの続きとして、統計解析や機械学習のための手法、いわゆる高度分析を適用することになります（図6.10）。

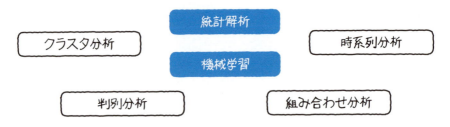

図6.10　高度な分析の種類

　高度分析には、統計解析や機械学習を中心に、さまざまな分析手法やアルゴリズムが用意されています。どのような手法を用いて分析を行なうのか、そして分析のためにどのようなデータを作ればいいのか。このような悩みを解決する必要があります。そのため、可視化を行なうときと同様に、事前に集計分析を行ない、データの大きな傾向を把握しておく必要があります。

　データの特徴が理解できたら、実際に分析手法を適用して高度な知見を得ることになります。そのための基礎として、ここからは高度分析に関する基本的な知識を説明していきます。

6.3.1　高度な分析の基礎

　高度分析の代表といえるのが機械学習です。機械学習とは、大量のデータをもとにコンピュータにデータの傾向を学習させ、なんらかの判断を担わせるための技術を集めた分野です。機械学習のアルゴリズムは、入力するデータに応じて「教師あり学習」と「教師なし学習」の2つの種類に分けることができます。

●教師あり学習、教師なし学習

　機械学習のアルゴリズムを用いて傾向を学習させる場合に、学習に利用するデータに「正解」のデータが含まれるかどうかでアルゴリズムが異なります。

たとえば、センサデータからデバイスの故障や建造物の損壊など異常な状態を判別する分析を考えるとします（図6.11）。教師あり学習の場合には、過去に実際に異常が起きた際のデータ、つまりはっきりと「異常」のデータを入力する必要があります。つまり、アルゴリズムは「正解」と「不正解」の間にある違いを学習することになります。

　これに対し、教師なし学習の場合、入力データには異常が含まれているかどうかを区別しません。つまり、アルゴリズムはデータ全体の傾向を学習し、全体の中で傾向が異なるデータを見つけ出して「異常値」として判断します。

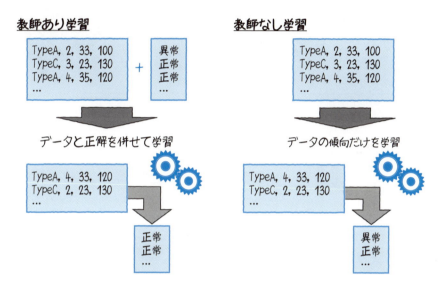

図6.11　教師あり学習と教師なし学習

　このように再現したい現象に対して、過去にその現象のデータが得られているかどうかに基づいて、教師あり学習と教師なし学習の適用を判断する必要があります。特に、めったに起こらない異常などで、正解データを用意できない場合には、教師なしの学習を検討することが必要になるでしょう。また、今後どのような異常が起こるかわからないような場合にも、教師なしの学習を用い、平常状態をモデル化することで平常状態とは異なる状態（異常）を検出できます。

　一方で、発見したい異常の種類が確定していて、十分なデータが揃っているような場合には、教師ありの学習を行なったほうが、より正確にその異常を検出できるでしょう。

分析手法の種類

では、教師あり学習、教師なし学習について理解したところで、続いてクラスタリングやクラス分類など、分析手法の切り口からそれぞれの分析がどのようなものであるかを見てみましょう。

分析手法は、その用法に応じていくつかの種類に分類できます。その中でも、特に使用される頻度の高い、図6.12の3つの手法について以降で詳しく見ていきましょう。

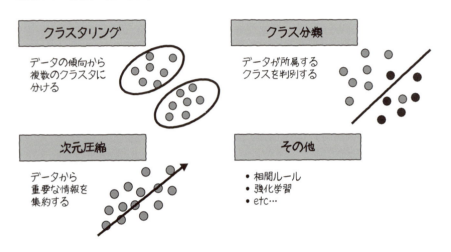

図6.12　分析手法の種類

●クラスタリング

クラスタリングとは、サンプル（標本データ）が持つ特徴をもとに、似通ったサンプル同士で複数のグループ（クラスタ）に分けるための分析です。具体的なクラスタリングのアルゴリズムには、k-means法や自己組織化マップ（SOM）、階層化クラスタリングなどが挙げられます。これらの手法はデータの特徴から、同じ特徴のデータを見つめてまとめることができます。

例で考えてみましょう。ある学校のクラスにおいて実施された期末テストの結果をもとに、生徒指導の方向性の参考とするため、得意領域に応じて複数のクラスタに分けたいとします。そこで、数学、国語それぞれの点数を生徒の特徴とみなし、生徒を2つのクラスタに分けることにします。このとき、数学や国語の点数は生徒の特徴を表わす値となっています。このように、あるデータの特徴を表わす値を特徴量と呼びます。これらの特徴量に対してk-means法のような分類アルゴリズムを用いると、図6.13のように、その特徴量に応じて、生徒を複数のクラスタに分けることができます。

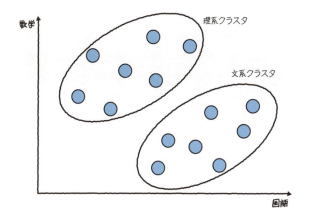

図6.13　クラスタリングのイメージ

　k-means法とは、データの分布に対してあらかじめ何個のデータの塊、つまりクラスタに分けたいかを指定することで、機械的にデータの塊を作り出すことができる手法です。
　この例の場合、複数の数学の点数が高い傾向にある理系の生徒の群（理系クラスタ）と、国語の点数のほうが高い傾向にある文系生徒の群（文系クラスタ）に分かれています。クラスタ数は任意の数を指定できるので、たとえば3つのクラスタを作成したような場合には、図6.14のように新たにバランス型の生徒を含むクラスタを生成することもできます。

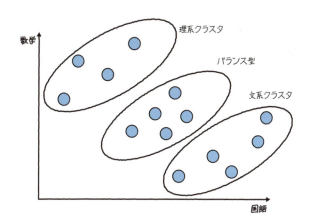

図6.14　3つのクラス分類のイメージ（k-means法）

今回のケースでは、二次元の座標上に図示するために数学と国語の2科目だけを特徴として用いましたが、それ以外に理科や社会など特徴の種類を増やしていっても、同様に分類を行なうことができます。ただし、あまりむやみに特徴を増やしすぎると、算出されたグループが持つ意味を解釈するのが難しくなります。また、クラスタ数についても同様で、増やしすぎるとグループ間の傾向の差が小さくなっていくので、同じくグループの特徴を見出すのが難しくなるでしょう。

　このクラスタリングについて、もう1つ例を見てみましょう。デバイスデータの分析に活用する場合です。たとえば、自社のアプリケーションを使用するユーザに対して宣伝メールを送ることを考えましょう（図6.15）。

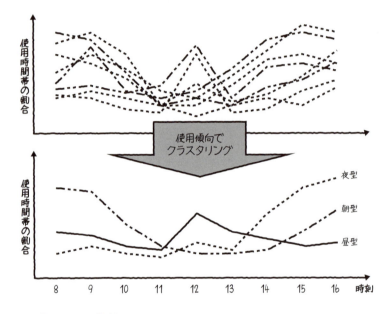

図6.15　時間帯クラスタリングの例

　せっかく送信する宣伝メールなので、メールをじっくり見てもらえるよう、メールを送信する時間にも気を配りたいところです。そこで、日ごろからユーザがよくスマートフォンを使う時間帯（ユーザがアクティブな時間帯）に合わせて宣伝のメールを送付したいと考えました。

　ある期間の間、ユーザ、時間帯ごとに自社のアプリケーションを使用した回数を記録しておきます。期間中の1日における各時間帯で、ユーザごとの平均アプリ使用回数を算出します。これを各ユーザの特徴としてクラスタリングを実行することで、夜

間にアプリを使用する回数が多い「夜間型」のユーザ、昼間に使うことが多い「昼間型」のユーザなど、ユーザがアプリケーションを利用する時間帯に応じたクラスタに分けることができます。

この他にも、この特徴を、平日と休日に分けて計算することで、「休日だけ使う」ユーザ層などの抽出も可能かもしれません。このように事前の特徴量の作り込みは分類数を決定する分析において重要な検討事項です。

このように、これまでデバイスの利用形態などはその利用ユーザに対してアンケートを取るなど、直接ヒアリングを行ない、人手で分析を行なうことしかできませんでした。しかし、大量に得られたデータをクラスタリングで分析することで、より簡単にユーザの生活傾向を調べることができます。

◉クラス分類

クラス分類とは、データを二群もしくは多群に分けるための分析です。クラスタリングと似ているように感じるかもしれませんが、クラス分類の場合は分別したい対象を明確に想定し、過去のデータを元にして、対象群とそうでない群に分けるために用いられます。クラス分類のアルゴリズムには、線形判別分析、決定木分析、サポートベクターマシン（SVM）などがあります。特にサポートベクターマシンは、ある画像がなにを撮影した画像かを判別する画像認識のアルゴリズムとしても利用されます。

クラス分類の例として、ブログ記事のカテゴリ分類が挙げられます（図6.16）。ブログの記事は、その話題の内容に応じてカテゴリを分けることができると、特定のカテゴリに関する話題に興味を持つユーザにとって興味の対象を見つけやすくなり便利です。

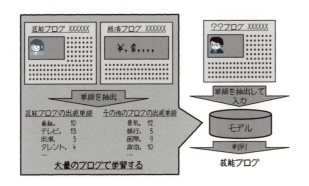

図6.16　ブログ記事のカテゴリ分類

そこで、たとえば芸能の話題に関する過去のブログを人手で集めます。集めたブログの文章は、「芸能カテゴリ」をクラス分類のアルゴリズムに教え込ませるための例文、つまり教師データの素材となります。集めたブログ中に出現する単語の種類や頻度といった情報を「芸能カテゴリ」のデータとしてクラス分類のアルゴリズムに学習させます。これと同じように、人手で、芸能以外のブログ記事も集め、同様に出現単語の種類や頻度といった情報に変換して、「非芸能カテゴリ」のデータとしてクラス分類のアルゴリズムに学習させます。

クラス分類のアルゴリズムは、このように学習を繰り返すことで、モデルと呼ばれる分類のルールを作り出します。この場合、「芸能カテゴリ」と「非芸能カテゴリ」を学習させた結果のモデルができあがります。ここで、これまでなかった新しいブログの記事をこのモデルに照らし合わせることで、そのブログが「芸能カテゴリ」か「非芸能カテゴリ」かを判別できます。

◉次元圧縮

次元圧縮とは、大規模なデータが持つ膨大なデータに対して、重要な情報を極力残し、冗長な情報を圧縮することでデータ量を小さくするための分析手法です。「次元縮小」「次元削減」とも呼ばれます。主成分分析や因子分析、多次元尺度法などが挙げられます。デバイスから送られてくるセンサ情報が多すぎたり、膨大な数のデバイスからの情報を分析する際に、目的とする結果を得るためには不要な情報が含まれてくることが多々あります。このような場合に次元圧縮を行なうことで、不要な情報をカットし、データを分析しやすい形にすることができます。

この次元圧縮の簡単な例として、主成分分析を用いたアンケートデータの集約について考えてみましょう（図6.17）。

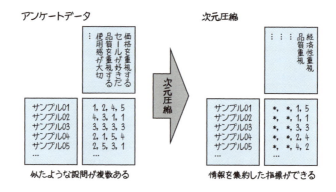

図6.17　次元圧縮の例

アンケートデータは時として、同じような設問が繰り返されることがあります。たとえば、購買に関する意識調査に関する5段階のアンケートを行なった場合、「価格を重視する」といった項目と「セールが好きだ」といった設問があった場合、この2つの設問の回答は同じ方向に振れる可能性が高いでしょう。このような似たような設問の回答をそれぞれ保持すると、データ量がかさむだけでなく、後の分析においても変数が多くなり、理解を難しくする可能性があります。

　そこで、このようなデータに対して主成分分析を用いて、似たような結果となる変数同士をできるだけ集約し、新たな変数でデータを構成しなおします。この新たに構成されたデータのうち、集約の度合い（寄与度）が高い変数だけを抜き出すことで、データが本来持つ情報量に見合った次元までデータ量を削減できます。

　ただし、この集約された指標がどのような意味を持つかは分析者が判断しなければならず、解釈の仕方には正解があるわけではないので、時としてその解釈は困難を極める場合があります。そのため、安易に使って良いわけではないことに注意が必要です。

◉分析の実行環境

　ここまで、発見の分析で用いられる機械学習の基本的な知識や用例などを見てきました。これらの手法をうまく活用することで、可視化だけではわからない複雑な因果関係をデータから発見できます。

　これらの分析手法は、多くの場合、プログラミング言語のライブラリや、専用の分析ツールを用いて実行されます（図6.18）。

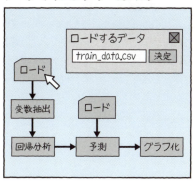

図6.18　プログラムとマイニングツール

プログラミング言語の場合、最近特に注目が高まっているのがPythonやR言語です。これらの言語は、分析に関するライブラリの充実度が非常に高く、多くの分析を簡単な記述で実行できます。

一方、専用の分析ツールには、GUIベースで分析を実行できるWekaやKNIMEなどツールがあり、これらはデータマイニングツールと呼ばれます。データマイニングツールは、データの処理の流れをアイコンと矢印の流れで見ることができるため、分析の初心者にとっても扱いやすいのが特徴です。

これらのツールは、一般的にデスクトップツールとして用いられるもので、その処理能力は、用いる個々のマシンの限界に因ります。これに対し、高度な分析を大規模に実現したい場合には、分散処理基盤であるHadoopと連携して機械学習を実行するMahoutや、後述するJubatusのようなフレームワークが必要になります。

データの分析はトライアンドエラーで進めるため、最初のうちはさまざまな分析手法を試すなど試行錯誤が必要になります。そのため、まずはデスクトップツールで分析の「アタリ」をつけてからシステム化することをおすすめします。

COLUMN
機械学習とデータマイニング

ここでは「機械学習」という分析の概念を紹介しましたが、これに似たものに「データマイニング」という概念があります。

データマイニングは、「人間が新たな知見を見出す／得る」ことを目的として分析を行なう概念です。これに対し、機械学習は、人間が知見を得るというよりも、「過去の傾向をもとに新たなデータに対する推定や判断を行なう」ことを重視した概念です。

これらの概念は異なるもののように見えますが、扱う分析のアルゴリズムは共通するものが多くあります。そのため、分析の手段は似ているが、目的が異なるものととらえるのが良いでしょう。つまり、この後に紹介する「発見」の分析は、人間が複雑な事象を理解するための分析なので、データマイニング的なアプローチを採っています。対して「予測」の分析は、新たなデータに対してなんらかの推量や判断を行なうため、機械学習的なアプローチを採っています。

6.3.2 分析アルゴリズムで「発見」「予測」する

可視化は、集計分析によりデータが持つ傾向を理解する分析でした。分析結果は、統計量やグラフとして表現され、無機質な数値としてデータをとらえていました。いわば、データを俯瞰し、表面的な傾向をつかむ分析であったともいえます。

これに対し「発見」の分析は、より複雑な傾向やルール、規則、構造などをデータから抽出することを目的としています。そのため、「発見」の分析では、高度な分析手法を用い、分析結果を数値ではなく、数式やルールのような「モデル」として傾向を表現することになります。

◉検定による因果関係の発見

たとえば、機器の異常の原因がどこにあるかを知りたい場合、センサにより集められた機器稼動時の温度や圧力、振動などのデータを活用します。

機器が正常に稼動している状態と、異常が発生している状態の2種類のデータを集め、その2つのデータ間で傾向が異なる因子を統計的な「検定」を用いて明らかにする、というのが最も簡単な分析でしょう（図6.19）。あらゆる因子において検定を行なうことで、異常発生時の原因箇所を発見することに役立ちます。

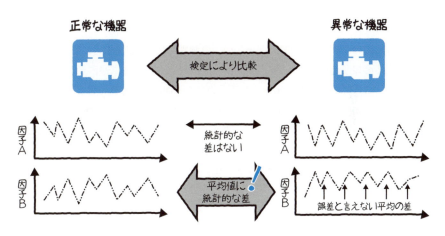

図6.19　発見のイメージ

この他にも、数多くの手法や統計の知識をうまく活用することで、集計分析と比べ、複雑な傾向を発見できるところがこの分析のポイントです。

6.3.3 予測

発見の分析は、データから複雑な傾向や因果関係を見つけ出し、人間の知見とするのが目的でした。これに対して、予測は、見つけ出した規則や構造をもとに、今後起こることを推定します。

予測には、これといって決まった手法があるわけではなく、回帰分析のような数量を予測する分析もあれば、クラス分類のように未知のサンプルが与えられた場合に分類を行なう予測もあります。特に、機械学習として扱われる手法は、過去データに基づく学習をもとに新しいデータについて予測や判断を行なう手法の集まりであるため、知識の「発見」だけでなく、「予測」までを行なうのが一般的です。

ここで、予測分析の中でも、最もポピュラーである「回帰分析」を題材として、予測分析について理解していきましょう。

●回帰分析

回帰分析とは、たとえば、ある変数yが、変数xを用いて「$y = a \times x + b$」のような数式で表わすことができると仮定し、数式中の係数を実測データから求めることで、新たなxが与えられた場合のyの値を予測する分析です。ここで、yのように予測の対象となる変数を目的変数(従属変数)と呼び、xのようにyを予測するための材料となる変数を説明変数(独立変数)と呼びます。

回帰分析において数式を完成させるには、実測されたデータをもとにして数式中の係数を導く必要があります。そのための代表的な手法に「最小二乗法」があります。ここでは、数式が「$y = a \times x + b$」で表わされる線形回帰分析の場合を想定して、係数aやbを求める場合を考えてみましょう。線形回帰分析とは、回帰分析を行なうデータが一次関数、つまり直線グラフのように、一直線上に分布していると仮定を置く回帰分析です。

線形回帰分析における最小二乗法では、過去に与えられたxとyの組み合わせ(測定値)をプロットしたグラフにおいて、それらの値と最も近い値を表わす直線を引くものと考えることができます(図6.20)。この直線は予測値を表わしており、測定値と予測値の誤差が最小になるように直線の傾きaや切片bを調整し、直線の形を決めます。これにより、過去データに対して、最も誤差が少なくなると思われる「$a \times x + b$」のモデルが構築されます。

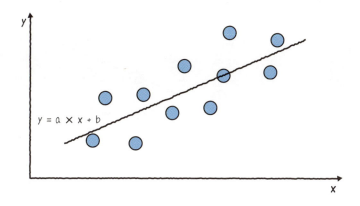

図6.20　最小二乗法のイメージ

　この例では、わかりやすく二次元の図を用いるために変数xは1種類しか用いませんでしたが、実際にはxは複数あっても回帰分析を実施できます。入力変数が複数ある場合には、n個の入力変数x1、x2、x3、… xnに対して、

y = a1 × x1 + a2 × x2 + … an × xn + b

のような数式を定義して変数ごとに係数を求めることになります。先に説明したような1つの入力変数xに対して予測値yを得る回帰分析を「単回帰分析」と呼びますが、複数の入力変数をもとに予測値を得る回帰分析を「重回帰分析」と呼びます。
　この回帰分析の実用例をセンサの計測精度を高めるキャリブレーションをもとに見てみましょう。

◉回帰分析によるセンサのキャリブレーション

　回帰分析は、3.4.6項で紹介したセンサのキャリブレーションにも活用されます。
　センサはどんなに均一に作成されていたとしても、製造の過程で個体差が発生するため、測定値には誤差が含まれます。キャリブレーションとは、誤差を含んだ実際の測定値と、計測したい真の値との関係性を導出する作業でした。
　回帰分析を行なうには、まず正確なサンプルyとその状態をセンサで計測した場合の測定値xを取得します。これを複数回繰り返すことで、図6.21のようにいくつかのxとyの組み合わせを得ることができます。これらの組み合わせをもとに、最小二乗法を適用してたとえば「y = a × x」の数式を得ることで、測定値xに対して正確だと思われるyの値を推定できます。

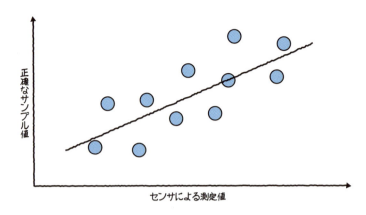

図6.21　センサのキャリブレーション

　実際にキャリブレーションを行なう場合、必ずしも直線でうまく当てはまるわけではありません。そのため、直線での当てはまりが悪い場合には二次式などの非線形な数式や、その他に考えられる理論式を用いることも検討しましょう。

●さまざまな因子に基づく交通量の予測

　予測を目的とした分析の例が、交通量の予測です（図6.22）。ある道路の曜日や時間帯ごとの交通量をセンサにより何か月にもわたって収集しておき、今後の交通量を曜日、時間帯、天気などの因子をもとに予測することで、渋滞の予測を行なうことが考えられます。同じような考え方で、家庭やオフィスビルの消費電力量を予測することもできるでしょう。

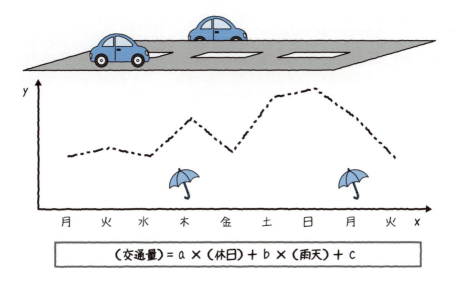

図6.22　交通量予測のイメージ

　また、先ほどの「発見」で得られた知見を未来に活用する考え方で、先ほどの発見型の例も、うまく活用すれば予測に応用することも可能です。たとえば、過去に蓄積された機器稼動時の機器内の圧力をもとにして平常稼動時の平均圧力や分散（ばらつき具合）を計算しておきます。その後、機器を稼動させていくうちに、機器の稼動温度が過去の圧力のばらつきの範囲から外れたとします。このとき、なんらかの異常が発生しているものとしてアラートを出すことで、機器の故障や異常な使われ方に対して警告を与えることができるのです。

6.4 分析に必要な要素

分析には、これまで見てきたような分析手法の他に、データベースや分散処理基盤など、さまざまなミドルウェアや処理基盤が必要になります。第2章では、そのような処理基盤について、バッチ処理とストリーム処理という観点から紹介しました。ここでは、データ分析という切り口で、どのような基盤が必要となり、具体的にどのようなフレームワークが使われているのかということを紹介します。

6.4.1 データ分析の基盤

まずデータ分析の基盤を「収集」「蓄積」「加工」「分析」という4つに分けて見ていきましょう。

◉収集

分析データの収集は、収集対象のデータがなにかによって必要な基盤が異なってきます。たとえば、収集の対象がすでにデータベース上に蓄積されているのであれば、SQLを使用することで必要なデータだけを抽出して取得できるでしょう。

収集の対象がサーバやデバイスが出力するログデータで、すでに膨大なログファイルなどとして蓄積されている場合、必要な複数のログを収集する機能、ログから必要な部分だけを抽出する機能、作業場となる環境に結果を出力する機能などが必要になります。これらの一連の処理をプログラム開発で担うことも可能ですが、最近ではログの収集、加工、出力という一連のプロセスをストリームとして処理するApache FlumeやFluentdのようなフレームワークが登場してきています。

また、収集対象のデータがセンサから送られてくる情報である場合は、第2章で紹介したようにIoTサービスのフロントエンドサーバを構築し、センサやデバイスからの情報を収集する必要があります。

◉蓄積

データの蓄積では、データをテキストファイルとして保存することもありますが、多くの場合は管理や抽出が用意になることを見込んでデータベースを用います。しかし、一口にデータベースといっても、従来の表形式でデータを保存するリレーショナルDBに加え、キーバリューストアや、ドキュメント指向DB、要素と関係情報を保存することが可能なグラフDBといったさまざまな形式のものが登場してきています（図

6.23)。

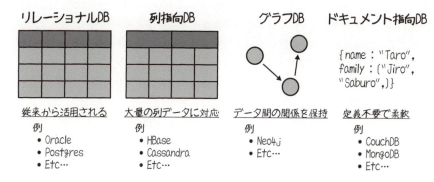

図6.23 データベースの種類と製品例

　最近では、大規模なデータや画像／音声などの非構造のデータの保存を目的として、HadoopのHDFSを利用することもあります。HDFSは複数マシンのストレージを仮想的に束ねることで、容量の大きなストレージを構築することが可能です。

　また、MapReduce機能を活用することで、蓄積したデータを分散処理することができます。Hadoopを利用する利点は、HadoopのMapReduce上で機械学習を実行できるApache Mahoutという機械学習ライブラリを利用することが可能な点です。そのため、Hadoopは、蓄積、加工、分析を兼ねる有用な基盤であると認識されています。

◉加工

　加工では、汎用性を持たせて蓄積されているデータから、それぞれの分析目的に応じて必要とされるデータだけを抽出し、例外や欠損のあるデータを除去し、必要な演算を施すなどの処理を加えて分析用のデータの集まりであるデータセットを作成する基盤が必要になります。データが小さい場合には表計算ソフトやプログラムで加工することも可能ですが、センサデータのように大規模なデータを扱う場合には、それに合わせたスケーラブルな基盤を用意する必要があります。

　前述のHadoopでは、複数のマシンリソースを活用し、分散してデータを処理する、MapReduceという機能を有しています。これにより、大規模データを処理する際にネックになりやすいディスクI/Oなどの処理時間を大幅に短縮してくれます。

◉分析

　分析を実行するための環境には、先に紹介した統計解析言語やデータマイニングツ

ールが挙げられます。これらの分析は、計算のために膨大なメモリや演算能力を必要とします。しかし、多くの分析は前処理段階の加工を経ることでデータ量が削減され、一般的なデスクトップツールでも処理可能なサイズとなります。

ただし、基盤技術の発達に伴い、ログやセンサデータも高度な分析の対象となってからは、分析データの大規模化が避けられないケースが増え、前述のようなツールでは分析が実行できない場合があります。このような場合には、分析のための特別な基盤を用意する必要があります。

1つの例は、先ほども紹介したHadoop上で動作する機械学習ライブラリであるApache Mahoutが挙げられます。扱える分析手法はまだ限定的ですが、分散処理を活用することで、大規模な分析をスケールさせることが可能です。

また、最近ではApache Sparkにも注目が集まっています。Hadoopが持つ分散処理の方式であるMapReduceは、一組の処理を実施するごとにディスクI/Oが発生します。そのため、機械学習のように繰り返しで処理を行なう必要がある分析アルゴリズムの実行では、処理時間が膨大になる傾向がありました。これに対し、Apache Sparkは、第2章でも紹介したとおり、メモリ上のキャッシュを活用することで、繰り返しの処理を高速化することが可能となります。これによって、分析の処理速度を格段に向上させることができ、今後、大規模な高度分析にさらに道が開けることが予想されます。

以上、「収集」「蓄積」「加工」「分析」という4つの流れで分析基盤を考えてきました。以降では、これらの基盤技術の中で、今後センサの分析に絡んで必要性が高まってくる、2つの個別技術を見ていきます。

- **CEP** ：上記の4つの流れを変える新たな考え方である「蓄積せずにリアルタイムに処理を行なう」ストリームデータ処理基盤であり、イベント処理を行なう
- **Jubatus**：「分析」の中でも特に高度分析を高速、かつ大規模に実現する数少ない基盤

6.4.2 CEP

CEPは、複合イベント処理（Complex Event Processing）の略で、イベントにより発生したデータをリアルタイムに処理するための技術です。そのため、センサのように大量のデータが随時送られてくるようなデータに対する処理基盤として採用されています。

CEPは、さまざまな形式のデータを受け取るための「入力アダプタ部」、データを実際に処理する「処理エンジン部」、処理結果をさまざまなシステムや基盤に受け渡すための「出力アダプタ部」を併せ持ったフレームワークです（図6.24）。

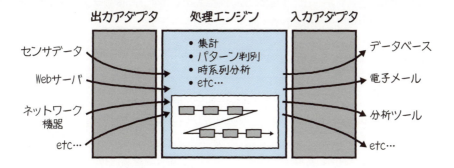

図6.24　CEPの構成

　CEPは、その処理をメモリ上で行なうことによってリアルタイム性を実現しているため、機械学習のような大規模で複雑な演算は得意としません。しかし、一定のデータをバッファして処理を行なうことができ、従来のような一度蓄積してから処理をする形式のシステムでは追いつかないサービスを実現します。そのため、集計やパターンの判別といった処理において、極めて高速に結果を出力できます。また、データを蓄積せずにその場で処理することから、高速なデータに対して大規模な蓄積基盤を必要としないというのも、このCEPならではの利点です。今後、センサデータが増え、リアルタイム性に関する需要が増えるにつれて、重要性が高まってくる技術の1つであると考えられます。
　CEPには、オープンソフトウェアとして開発されているEsperや、ベンダ製品があります。

◉CEPの活用例

　CEPが注目を浴びるきっかけとなった活用事例は、金融分野におけるアルゴリズムトレードです。株の取引は、リアルタイム性への要求が高く、株価の変動に対して瞬時に売買の発注を出したいという要望がある分野でした。CEPは、株価の変動が事前に決めたルールを満たすような動きである場合に、瞬時にその動きを判別し、対応する発注を返すような処理を担います。つまり、ある特定のルールを満たすイベントが発生した場合に、対応する処理をコールするイベント駆動型の処理を行なっているのです。

他にも、センサデータにまつわる活用の試みもあります。橋梁の各部に振動などのデータを取得するセンサを取り付け、その情報をリアルタイムにシステムで受け付け、あらかじめ定められた正常時の状態とは異なる動きが生じるとアラートを出して異常の早期検出に役立てる、といった試みが実施されています。今後もセンサと絡めた異常検出に、この技術が活用される可能性が多いにあります。

6.4.3 Jubatus

Jubatus（ユバタス）は、発見や予測のような高度な分析を実現するために活用されるフレームワークで、CEPのようなリアルタイムな処理能力も併せ持つ新しいタイプの分析基盤です。

一般的な分析手法は、蓄積したデータを一括して入力し、学習を行なう「バッチ型」の処理方式を採ります。そのため、大規模なデータになればなるほど学習に必要なリソースの要求が高くなり、全量のデータは使用できないという状況に陥ります。また、一括して学習を行なう場合には、当然処理にかかる時間も膨大となり、事前に学習のための十分な時間を要することが常識でした。

◉Jubatusのオンライン学習

これに対して、Jubatusは「オンライン学習」という「逐次型」の学習方式を取り入れており、一括してデータを入力しなくても、1件ずつデータを受け取るたびに学習していくことができます（図6.25）。そのため、データが発生した時点で入力を受け付け、その場でモデルを更新していくことが可能です。つまり、学習データを蓄積しておく基盤を用意する必要がなく、また学習のためのオーバーヘッド時間を考慮する必要もありません。

オンライン学習は従来のアルゴリズムすべてをカバーするわけではないため、従来のすべての分析をこのJubatus上で実現できるわけではありませんが、少しずつ扱える分析の数も増えており、適用の幅は拡大してきています。

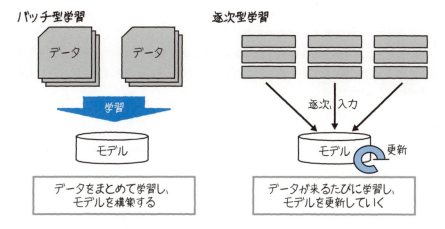

図6.25　バッチ型学習と逐次型学習

Jubatusのスケールアウト性

　Jubatusのその他の特徴として、分散処理を行なうことで「スケールアウト方式」のリソース拡張が実現できる点が挙げられます。

　一般的なシステムは、処理するデータの規模が大きくなればなるほどに、高性能なCPUを搭載したり、大規模なメモリやストレージを保持するサーバが必要でした。このサーバなどの機器の高性能化によりリソースを拡大する方法を「スケールアップ方式」と呼び、リソースの処理性能が向上するほどに飛躍的に基盤コストが増大する傾向がありました。これに対して、「スケールアウト方式」は革命的なもので、フレームワークを用いて処理やデータの蓄積を多数のマシンに分散させることで、マシンの数に応じた処理や蓄積能力を獲得できます（図6.26）。

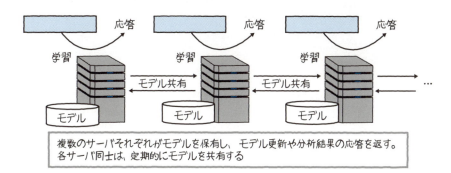

図6.26　Jubatusのスケールアウト

また、いったんシステムが組み上がって稼動した後にも、リソースが不足するようであればマシンを追加して拡張することで、システム全体の処理能力を向上することができます。個々のマシンは高スペックであることを要求しないことが多く、そのために処理能力を向上しても、急激にコストが跳ね上がることは少ないというのも大きな利点となっています。

　Jubatusは、このスケールアウト方式を採用しているため、入力されるデータが膨大化したとしても、マシン台数をコントロールすることで分析の規模を拡大させることが可能です。また、CEPと同じくデータが発生した時点で処理を行なうことで蓄積の必要がないため、個々のマシンはストレージの要求水準が高くないというのも利点として考えられます。

COLUMN

分析の難しさ

　ここまで見てくると、分析はアルゴリズムにデータを入力すればできてしまうように感じた方もいるかもしれません。しかし、実際はアルゴリズムにデータを入力しただけで想定どおりの結果を得ることはほとんどなく、データ選定のためにいろいろなアルゴリズムを試したり、データを加工してデータの特徴を表わす特徴量の作り方を複数の種類試すなどします。場合によっては入力データ中の異常値が動作に悪影響を与える「ノイズ」の問題を解消するため丁寧にノイズ除去の作業を行なったりなど、一筋縄ではいかないのが分析です。

　これらの問題にうまく対処していくには、アルゴリズムに頼るだけでなく、仮説を構築することが必要になります。仮説をもとに特徴量を作り込んだり、仮説に見合ったアルゴリズムを選んだりなど、仮説は分析の迷走を予防するのに大いに役立ちます。また、この仮説を得るには、過去のデータをうまく可視化して全体の傾向や現状を定量的に把握したり、それをもとに有識者と話し合ったりなども必要になります。このように、分析というのはアルゴリズムやツールだけでは語れない無形のノウハウが必要になる部分が難しいところだといえます。

第 7 章

IoT とウェアラブルデバイス

7.1 ウェアラブルデバイスの基礎

ウェアラブルデバイスは、その名の通り、身に着けるタイプのデバイスです。そのため、これまで説明してきたデバイスを単体で使うよりも、より人に身近なサービスを実現することが可能なデバイスです。一歩先を行くIoTサービスを実現するためには、ウェアラブルデバイスを利用するという選択肢があります。

しかし、ウェアラブルデバイスにはさまざまな種類、使い方があり、それらを体系的に知るには時間がかかります。もし読者のみなさんが自身のIoTサービスにウェアラブルデバイスをつなぐ場合や、新しいウェアラブルデバイスを作ってみたいというときに、次のようなことにつまずくのではないでしょうか。

- ウェアラブルデバイスにはどのような種類があるのか？
- どんなウェアラブルデバイスを使えば良いのか？
- どう使えば良いのか？
- ウェアラブルデバイスでなにができるのか？

本章ではこのような疑問に答えていきましょう。

7.1.1 IoTとウェアラブルデバイスの関係

IoTを構成するデバイスの1つとして、Google Glassをはじめとするウェアラブルデバイスがあります。ウェアラブルデバイスは、装着する人とその周辺の状況をIoTの一部として扱うことができます。

たとえば、装着した人の健康状態、運動をしたときの運動量、その人が見たもの、聞いたものを記録していくといった使い方ができます。このように人の生活に密着したIoTのサービスを提供するには、ウェアラブルデバイスが最適なデバイスとなります。

図7.1のようにウェアラブルデバイスは、これまで紹介したセンサなどのデバイスと同じように、IoTのデバイスの1つとして考えられます。その中でもスマートフォンやタブレットなどと同じく、「センシング」と「フィードバック」が行なえるデバイスとして位置づけられます。

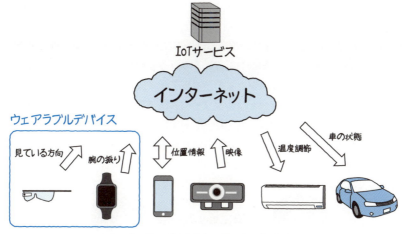

図7.1 IoTとウェアラブルデバイスの関係

　ウェアラブルデバイスを用いたIoTサービスでは、ウェアラブルデバイスの取得した情報を分析し、その結果を再度ウェアラブルデバイスに返します。つまり、装着者の状態をウェアラブルデバイスでセンシングし、さまざまな形で装着者にフィードバックします。人の生活をサポートするような用途に利用できます。

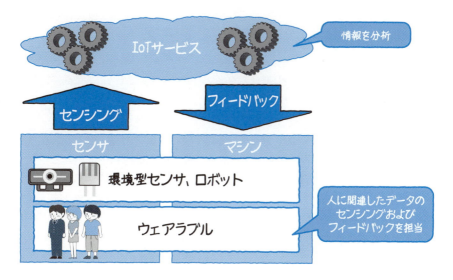

図7.2 「人」ベースの入出力デバイスとしてのウェアラブルデバイス

●ウェアラブルデバイスの登場

　IoTでのウェアラブルデバイスの位置づけを確認したところで、次はウェアラブルデバイス自体にフォーカスを当ててみましょう。

　そもそもどのようなデバイスをウェアラブルデバイスと呼ぶのでしょうか。ウェアラブルデバイスは、スマートフォンやタブレットなど、スマートデバイスと呼ばれるモバイルコンピュータの次世代として期待されています（図7.3）。単にスマートデバイスの機能を限定して身に着けられるようにしたものという解釈もありますが、本書ではIoTと関連するまったく違うタイプのデバイスとしてとらえます。

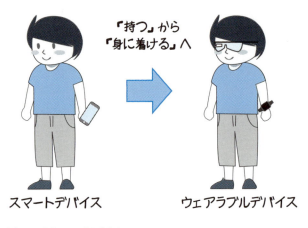

図7.3　スマートデバイスからウェアラブルデバイスへ

　ウェアラブルデバイスが「身に着けるタイプのデバイス」であることは間違いありません。しかし、ここでいう「身に着ける」という意味は、「いつ」「どこで」「だれが」「どのような状態か」ということを理解できることを指します。

　なにをしようとしているのか、起きているのか寝ているのか、といった、装着者とその周囲の「コンテキスト（文脈）」を理解し、適切に情報提示や注意喚起といったフィードバックを返してくれるデバイスを、本書はウェアラブルデバイスと考えます。

　また、過去から現在までのさまざまなコンテキストを理解したうえで装着者へのアクションやフィードバックを実施するため、うまく活用すれば装着者の身体能力や感覚を拡張するデバイスとなります。たとえば、衣服を買うためにショッピングモールを歩いているとします。このようなコンテキストでは、後述するスマートグラスなどのウェアラブルデバイスは見ている衣服を認識し、他店での価格やユーザレビューな

どを表示してくれるでしょう。この他、常に身に着けているセンサ類のデータをトレーニングジムのトレーナに送信し、日ごろの生活に対する改善のフィードバックなどをもらうことも可能です。

このように、ウェアラブルデバイスを活用することで、装着者のコンテキストに合わせたIoTサービスを提供できます（図7.4）。

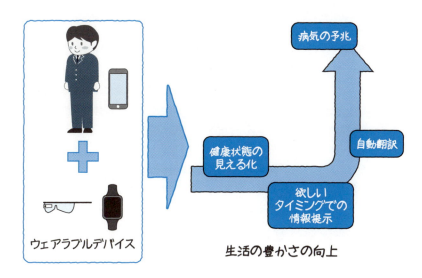

図7.4　ウェアラブルデバイスを利用して生活の豊かさの向上

7.1.2　ウェアラブルデバイスの市場

ウェアラブルデバイスは、真新しい概念のデバイスではありません。これまでも小説やコミック、アニメなどの創作物の中で、グラス（メガネ）タイプの機器を装着して瞬時に情報にアクセスしたり、耳に装着して通話やメッセージ送受信を行なったりなど、数多くのウェアラブルデバイスが語られてきました。もちろん実世界でも、NTTドコモが2000年代初期に腕時計型のPHS端末を世に送り出したりなど、世界中の研究機関でさまざまな製品化の取り組みが行なわれてきました。

ではなぜ近年、急激ともいえる勢いで数多くの実用的なウェアラブルデバイスが登場し、市場ができつつあるのでしょうか。この盛り上がりには2つの側面があります。1つはデバイス的な側面、もう1つはデバイスを取り巻く環境の側面です。それぞれについて見ていきましょう。

●デバイスまわりの進歩

まず1つめのデバイス的側面ですが、これには3つの大きな要素があります。

- 構成部品の小型化、省電力化
- NUI
- スマートデバイス連携

構成部品の小型化、省電力化

スマートデバイスに代表される高度な組み込みの機器の普及により、デバイスを構成する部品の小型化や省電力化が進んできました（図7.5）。半導体製造プロセスの微細化による部品の小型化を半導体メーカーが進める一方で、少ないバッテリでも長時間駆動できるように電力消費を考慮した設計が行なわれてきました。そのため、全体的にウェアラブルデバイスの動作時間が延び、実用レベルに達しています。また、部品の小型化は動作時間の延長だけではなく、体に装着しても違和感のないサイズに多くの部品をまとめることができるようになりました。つまり、多種多様な機能を提供することができます。

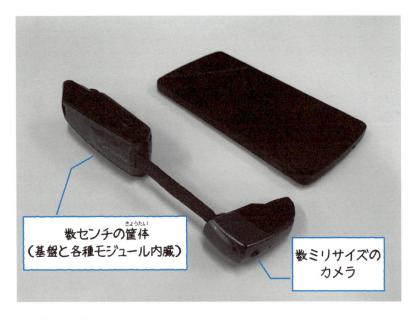

図7.5 構成部品の小型化

ただし、バッテリ自体は電源容量に対して十分な小型化に至ってはおらず、複数の機能を持ち消費電力が大きいウェアラブルデバイスではバッテリの消費を意識せざるをえません。

NUI

ウェアラブルデバイスは、デバイスを操作するためのキーボードやマウスといったユーザインタフェースを持たないことが多いです。そのため、ウェアラブルデバイスへの複雑な操作を実現させるためには、既存とは違ったユーザインタフェースが必要となります。

そのため、音声認識技術により声で操作する技術や、体の一部を動かして操作を行なうジェスチャーコントロールなどのNUI（Natural User Interface）が発展してきました（図7.6）。これらの技術がウェアラブルデバイスのような小さな機器でも動作するレベルまで進化してきたことにより、ウェアラブルデバイスの操作も実用的なものになってきたのです。

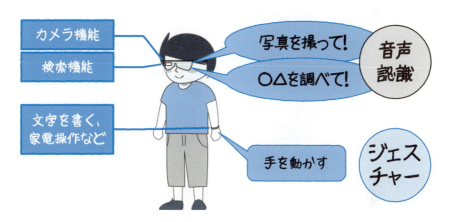

図7.6　NUIの例（音声認識やジェスチャーによる操作）

スマートデバイスとの連携

多くのウェアラブルデバイスは、スマートフォンやタブレットなどのスマートデバイスと連携ができるようになっています。スマートデバイスの機能を利用することにより、ウェアラブルデバイスはセンシングと結果の表示のみを行なうことができます。

スマートデバイスと連携することで、ウェアラブルデバイスは利用用途が格段に広がります。ウェアラブルデバイスを補助できるスマートデバイスの普及が、ウェアラ

ブルデバイスの盛り上がりの大きな後押しとなっています。

◉アクティビティトラッカー市場の形成

次に2つめのデバイスを取り巻く環境的側面では、ウェアラブルデバイスの中でも装着者の活動量などを計測するアクティビティトラッカーの市場が形成されてきたことが挙げられます。

アクティビティトラッカーは、歩数や運動時間などの活動量や睡眠時間を計測できるウェアラブルデバイスです（図7.7）。アメリカを中心とした海外で市場を形成しています。

図7.7　アクティビティトラッカー

このように、実用的なウェアラブルデバイスが登場したことで、他のウェアラブルデバイスの普及に拍車をかけています。

7.1.3　ウェアラブルデバイスの特徴

ウェアラブルデバイスの特徴とはどのようなものでしょうか。ウェアラブルデバイスが「備える機能」と「備えるセンサ」を見ることで、「なにができるのか」「どのような情報（データ）を取得できるのか」を知ることができます。

一口にウェアラブルデバイスといっても、さまざまな分類のデバイスがあります。

まずは細かい分類には触れず、大きな括りでのウェアラブルデバイスが備える機能とセンサを見ていきましょう。

◉備える機能

まずは、ウェアラブルデバイスが備える機能を確認しましょう。

主な機能の一覧は表7.1のとおりです。「デバイスへの入力」「デバイスからのフィードバック」「その他の機能」というように3つの役割でまとめました。

表7.1 ウェアラブルデバイスが備える機能

役割	機能	できること
デバイスへの入力	カメラ	画像や映像を撮影、画像認識
	音声認識	音声で入力や操作の実施
	ジェスチャーコントロール	ジェスチャーを使って各種デバイスを操作
デバイスからのフィードバック	情報表示	ディスプレイにテキスト、画像、動画を表示
	通知	音やディスプレイを利用して装着者に通知
その他	ネットワーク接続	インターネットに接続し、データの送受信ができ、データの加工などをクラウドで実行
	ストレージ	オフラインでのデータの蓄積

搭載される機能はウェアラブルデバイスごとに違いますが、入力に関しては主に3つの機能（カメラ、音声認識、ジェスチャーコントロール）があります。

ウェアラブルデバイスに搭載されるカメラは、スマートフォンと違い、手を使って機能を選択する必要がなく、思い立ったらすぐに画像や映像を撮影できます。

また、撮影した結果を用いて画像認識などをさせることもできます。たとえば、カメラでとらえた人の顔やQRコードなどを認識させて、次の処理のトリガーとすることもできます。

◉備えるセンサ

ウェアラブルデバイスは、搭載されるセンサを活用することで、装着者の心拍や動きといった情報をセンシングできます。また、GPSで装着者が現在いる位置を測定できるウェアラブルデバイスもあります。

ウェアラブルデバイスが備える代表的なセンサは表7.2のとおりです。

表7.2　ウェアラブルデバイスが備える代表的なセンサ

センサ	概要
GPS	ウェアラブルデバイス（装着者）の位置情報を取得する
9軸センサ（加速度、ジャイロ、電子コンパス）	各3軸の加速度センサ、ジャイロセンサ、電子コンパスによりウェアラブルデバイスの直線加速度、角速度を計測、また、電子コンパスによりウェアラブルデバイスの方位を計測
心拍センサ	後述の脈波センサなどを用い、血管に向けた照射光の反射の変化を測定し、装着者の心拍数を計測。また、心電波形センサを活用する心拍センサもある
照度センサ	ウェアラブルデバイス（装着者）の周辺の明るさを測定。ディスプレイの輝度のコントロールなどに利用される
赤外線センサ	赤外線を計測し、温度を可視化するセンサ。主にウェアラブルデバイス周辺での人のジェスチャーや目の瞬きの検知に利用される
近接センサ	物体が近くに寄ってきたかを検知するセンサ。主にウェアラブルデバイスの装着を検知する目的で利用される

また、上記の代表的なセンサの他にも、表7.3のようなウェアラブルデバイスならではの特徴的なセンサを備えることもあります。

表7.3　ウェアラブルデバイスが備える特徴的なセンサ

センサ	概要
筋電位センサ	身に着けた場所の筋電位を測定し、筋肉の動きをセンシングすることで身に着けた部位の動きを検知する
アイトラッキング	主にグラスタイプのウェアラブルデバイスで用いられ、グラスの内側に備えられたアイトラッキングカメラで視線の動きを検知する
心電波形センサ	装着者の心臓の電気的な活動を波形として測定する
脈波センサ	心臓の拍動に対する血管内の体積や圧力の変化を測定することで、ストレス状態の把握や居眠り防止に利用される
脳波センサ	脳から生じる電気活動を測定し、興味や集中度、リラックスなどを計測するために利用される

7.2 ウェアラブルデバイスの種類

ウェアラブルデバイスには、さまざまな種類があります。どのような種類があるのか、それぞれどんな特徴があるのかについて見ていきましょう。また、実現したいIoTサービスに合ったウェアラブルデバイスの選び方についても見ていきます。

7.2.1 ウェアラブルデバイスの分類

特に決まった分類方法はないため、ここでは「着用場所」「デバイスの形状」「インターネットへの接続形態」という3つの項目で分類します。これにより、IoTサービスに適したデバイスの選定がやりやすくなります。

まず、それぞれの概要を説明し、その後「デバイスの形状」ごとに詳しく説明していきます。

◉着用場所の種類

ウェアラブルデバイスは、体の特定の場所に身に着けることで、装着者の身体や周辺の環境のデータがセンシングできます。また、特定の機能（データの表示、カメラ撮影など）を体の一部として取り込むことができます。そのため、そのセンシングデータや機能の用途に応じて、ウェアラブルデバイスの着用場所が変わってきます（図7.8）。

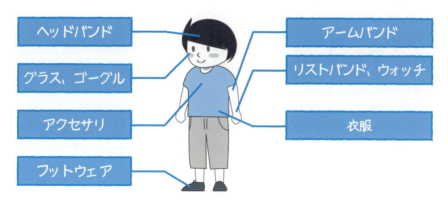

図7.8　分類方法その1：身に着ける場所

頭／顔

頭や顔に身に着けるものとして、頭部に着けるタイプのヘッドバンドや被るタイプのデバイス、眼前に着けるタイプのメガネ型デバイスやヘッドマウントディスプレイなどがあります。これらは脳波や心拍を測定するデバイスや、ディスプレイに情報表示を行なうデバイスです。

腕

腕に身に着けるものとして、時計型のスマートウォッチやリストバンドタイプのデバイスがあります。こちらは人の歩数や睡眠といった活動量、脈拍を計測できるものが多いです。また、上腕に装着するアームバンドタイプのデバイスも存在します。

全身

全身に身に着けるものとして、衣服型のデバイスもあります。これは衣服を構成する繊維に伝導性の化学物質を染み込ませ、心電を図るセンサとして利用するタイプのデバイスです。センサだけではデータの取得しかできないため、別途データを外部に送信する送信機を外付けします。

足

足に着けるものとして、靴の底に敷く中敷き（インソール）タイプのものや靴そのものがセンサとなっているものもあります。また、靴に装着するタイプのデバイスも登場してきています。

その他

その他のものとして、指に着けるタイプのリング型のウェアラブルデバイスもあります。装着した手や指の動きをセンシングし、他のデバイスをコントロールする用途に使われます。

このように、似たような用途のデバイスであっても、身に着ける場所が違うことがあります。そのため、用途に合わせて身に着ける場所を検討する必要があります。

◉デバイスの形状

現在主流となっているウェアラブルデバイスの形状は、大きく3つに大別できます（図7.9）。

- ヘッドマウントディスプレイ型（以降、HMD型）
- ウォッチ型
- アクセサリ型

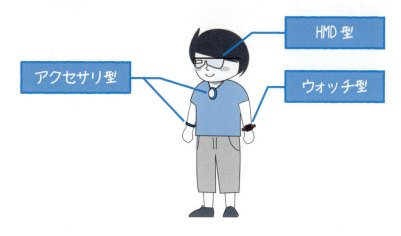

図7.9　デバイスの形状

HMD型

　HMD型は、眼前に装着して利用するタイプのウェアラブルデバイスです。メガネのような形をした「グラス型」と、完全にデバイスで眼前をふさぐ「ゴーグル型」に大別できます。

　グラス型は、主に装着したまま作業をする場合や、歩き回ることを想定して設計されています。一方で、ゴーグル型は完全に装着者の視界をふさいでしまうため、エンターテイメントやゲームでの利用が想定されています。

　グラス型についてもディスプレイが片方にだけ付いている片眼タイプのものや両眼タイプのものがあります。グラス型については、あらためて7.2.2項で具体的な特徴や用途を取り上げます。

　HMD型には、単体でOSを搭載して動作するスマートグラスと、PCなどに接続してディスプレイとして利用するタイプのデバイスがあります。

ウォッチ型

　ウォッチ型は、中サイズ（2～3インチ程度）のディスプレイを備え、腕に装着して利用するタイプのウェアラブルデバイスです。腕時計と同様の形をしており、ディスプレイも周囲が丸いものや四角いものがあります。

多くのウォッチ型製品には、腕時計と同様に竜頭や側面ボタンが付いており、これを押すことでディスプレイのオン／オフや表示の変更が可能となっています。

アクセサリ型

アクセサリ型は、その用途に応じてさまざまなタイプのものが登場してきていますが、現状の主流はリストバンド型のものです。

リストバンド型のデバイスは、ウォッチ型と同様に腕に巻いて利用するタイプのウェアラブルデバイスですが、中サイズのディスプレイは備えていません。ただし、装着者になんらかの通知や表示をするために、ごくシンプルなLEDディスプレイやLEDライト、バイブレータなどを備えているものが多いです。

他のアクセサリ型としては、前述の指輪型のものやコイン型のもの、ネックレスやブレスレット、アンクレット、ヘッドバンドタイプのものがあります。

●インターネットへの接続形態

ウェアラブルデバイスは、デバイス単体で利用できる製品もありますが、その多くはネットワークに接続してデータを送受信します。データの送受信先は、装着者が持っているスマートデバイスやPC、またはIoTサービスを実現するクラウドサービスやWebサービスです。

このようなネットワーク上のサービスに対してウェアラブルデバイスを接続するためには、インターネットを介して通信させる必要があります。ここでは、ウェアラブルデバイスからインターネットへの接続の種類について見ていきましょう。

ウェアラブルデバイスをインターネットに接続させる場合には、大きく3種類の接続形態があります。（図7.10）

①**SIMカード（3G／LTE通信）**
②**Wi-Fiモジュール**
③**テザリング**

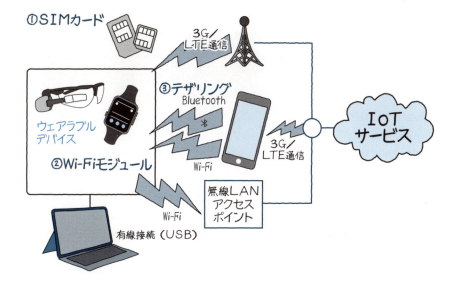

図7.10 3種類のインターネットへの接続形態

①SIMカード（3G／LTE通信）

ウェアラブルデバイスに携帯電話網に接続するためのSIMカードを挿入して、3G/LTEで通信する接続形態です。この接続形態だと、ウェアラブルデバイス単体でインターネットに接続でき、携帯電話網の電波が届く範囲ではどこでも通信できます。

ただし、携帯電話網を利用した通信は通信モジュールによる電力消費が大きく、バッテリの容量が限定的なウェアラブルデバイスにはあまり適していません。

②Wi-Fiモジュール

ウェアラブルデバイスが備えるWi-Fiモジュールを利用して無線LANアクセスポイントに接続し、インターネットに接続する接続形態です。

大容量のデータ通信を行なう場合には高速に通信できますが、この接続形態も3G/LTE通信と同様に通信に対する電力消費が大きくなってしまいます。

③テザリング

ウェアラブルデバイスからスマートデバイスを経由してインターネットに接続する接続形態です。この接続形態は一般的にテザリングと呼ばれます。

ウェアラブルデバイスとスマートフォンとの通信は、Wi-FiもしくはBluetoothを利用するのが一般的です。Bluetoothの中でも特に省電力で効率的に通信できる

Bluetooth Low Energy（以下、BLE）が主流となっています。ウェアラブルデバイスとスマートデバイスとの間をBLEで省電力に接続し、その先はスマートデバイスを介して3G、4G通信でインターネットに接続します。

これ以外にウェアラブルデバイスは、ネットワークに接続していないオフラインの状態でも利用できるものが多いです。たとえば、スマートグラスでは、スマートフォンと同様に数GBから数十GBのストレージを持っています。そのため、オフライン時に入力したデータ（写真や動画など）を格納しておくことができます。

また、その他の接続形態としては、ウェアラブルデバイスをPCのUSBポートに挿入してデータをPCに転送してから、PC経由でインターネットに送るデバイスもあります。

7.2.2 グラス型

ここからは、ウェアラブルデバイスの「デバイスの形状」について代表的な形状であるグラス型、ウォッチ型、アクセサリ型のそれぞれの特徴と主な用途について見ていきましょう。

まずはグラス型から。グラス型のウェアラブルデバイスでは、デバイスにAndroidなどのOSを搭載して動作します。主にスマートグラスと呼ばれおり、眼前に装着してディスプレイを見ながら操作をするものが一般的です。スマートグラス製品のスペックは、およそ2世代前のスマートフォン程度となっています。

◉特徴

スマートグラスは製作／発売するメーカーによって製品固有の特徴がありますが、おおむね全体的に共通する特徴がいくつかあります（図7.11）。

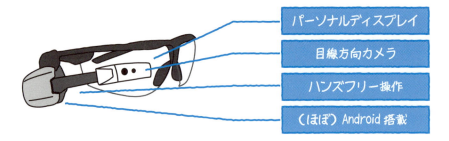

図7.11　スマートグラスの特徴

パーソナルディスプレイ

　スマートグラスの多くは、装着者の眼前にディスプレイを備えています。このディスプレイは装着者にしか見ることはできないものです。ディスプレイを見るためにポケットやカバンからデバイスを取り出したりする行為が必要なく、両手が空いた状態で、即座にディスプレイの表示内容を確認できます。また、目線と同一方向にディスプレイがあるため、装着者が目線の移動を最小限に表示内容を確認できます。

　スマートグラスのディスプレイは、メーカーにより透過型（シースルー型）／非透過型、両眼／片眼のものがあります。

　透過型のディスプレイでは、ディスプレイに表示されている内容の奥に風景が透けて見えています（図7.12）。逆に非透過型では、ディスプレイと目の延長線上の物体は見えませんが、表示内容の視認性は高まります。

図7.12　非透過型と透過型（シースルー）の違い

　また、ディスプレイは片眼のみでディスプレイを見る単眼タイプと、左右の目でディスプレイを見る両眼タイプがあります（図7.13）。

図7.13　両眼タイプと片眼タイプの見た目

単眼タイプは、装着者の視界をふさぐ領域が少ない半面、実際に見えるディスプレイの広さに関係する視野角を広くとることができません。一方で両眼タイプは、装着者の視界をふさぐ領域は広いですが、広い視野角を確保できます。また、両眼タイプは左右のディスプレイを使うことにより、3D表示することも可能です。

ハンズフリー操作

スマートグラスには、ボタンやタッチパネルが付いていてそれで操作するものや、音声やジェスチャーで操作するものがあります。たとえば、音声でカメラを起動して写真を撮ることができ、装着者の瞳の瞬きを検知してカメラのシャッターにするものがあります。また、スマートグラスには各種センサ類も搭載されているため、加速度センサを使った操作なども可能です。

音声やジェスチャーコントロールについては、各デバイスで搭載されているものと、されていないものがあります。また、それらハンズフリーの操作をアプリケーションの一部として独自に作り込むこともできます。

目線方向のカメラ

スマートグラスにはディスプレイの近くに目線方向を向いたカメラが備わっています。このカメラを利用することで装着者と同じ目線で写真を撮ったり、動画を撮影したりできます。また、この目線方向のカメラを使うことで装着者が見ているものを遠隔にいる人と共有することも可能になってきます。

AndroidベースのOS

世に出ているスマートグラスの多くは、Google社が提供するスマートデバイス向けのモバイルプラットフォームであるAndroid OSを搭載しています。

タッチパネルがないことやディプレイのサイズ／解像度を考慮する必要はありますが、今までAndroidで積み重ねてきた資産を利用できます。デバイスによっては、スマートフォンで利用していたAndroid用のアプリケーションをそのまま利用することもできます。

●用途

スマートグラスには多くの機能が搭載されているため、幅広い用途に利用可能です。スマートグラスならではの用途も含めていくつか見てみましょう（図7.14）。

図7.14 スマートグラスの主な用途

通知のリアルタイム確認

　スマートフォンや連携するサービスから届いた通知を眼前のディスプレイで即座に確認できます。これまでのスマートデバイスでは、なんらかの通知が来た場合にポケットやカバンから取り出して、ディスプレイをオンにしてから通知内容を確認する必要がありました。しかし、スマートグラスの場合は、通知が来たら眼前のディプレイを見るだけで即座に通知を確認できます。そのため、なにか作業を行なっていて両手がふさがっている状態でも確認ができます。

スマートデバイスの子機

　スマートデバイスと連携できるウェアラブルデバイスは、スマートデバイスの子機としても利用可能です。たとえば、スマートデバイスにかかってきた電話をスマートグラスで受信してハンズフリーで応答することもできます。

AR（Augmented Reality：拡張現実）

　現実世界の物体にディスプレイ上で情報を重ね合わせるAR技術は、スマートグラスでも利用可能です。たとえば、スマートグラスをかけてなにか物体を見た場合に、スマートグラスが物体（もしくは物体に備え付けられたマーカなど）を認識し、スマートグラスのディスプレイに関連する情報を重ね合わせて表示させるといったことが実現できます（図7.15）。

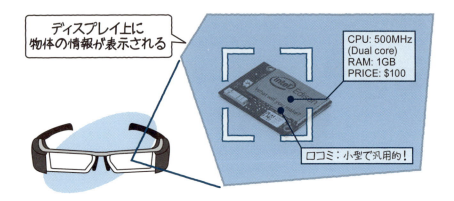

図7.15　スマートグラスを用いたARの例

　情報の重ね合わせ方には2種類あり、スマートグラスの全面のカメラで撮影している映像に重ね合わせるビデオシースルーを利用した方式と、シースルーディスプレイを利用して現実世界の物体に情報を重ね合わせる方式が存在します。
　AR技術はウェアラブルデバイスのほかに、ARToolKitといったライブラリを利用してARを実現するためのソフトウェアを別途作成する必要があります。

目線動画、画像の共有

　スマートグラスは、デバイスの前面に装備される目線方向のカメラを用いて装着者の目線で写真や動画を撮影できます。
　装着者の一人称目線で画像や映像を撮影して、ネットワークを介してリアルタイムにIoTサービスなどに共有することで、装着者が行なった作業や、そのときの状況の記録が可能となります。

7.2.3　ウォッチ型

　ウォッチ型は、腕に巻きつけて利用する腕時計型のウェアラブルデバイスで、主にスマートウォッチと呼ばれています。腕時計と同じように時計の盤面を持ち、この盤面に各種情報を表示できます。
　盤面すべてに表示可能なフルディスプレイのタイプと、普通の腕時計の盤面の一部がディスプレイになっているタイプがあります。
　構成する部品がスマートフォンと似ているため、多くのメーカーが開発しています。その機能はメーカーごとにさまざまです。たとえば、スポーツや健康管理に重点を置

くスマートウォッチの場合は、加速度センサを使った歩数計が搭載されています。心拍数を測るセンサを盤面の裏側に備えているものもあります。

◉特徴

スマートウォッチもメーカーごとに製品固有の特徴がありますが、全体的な共通の特徴は図7.16のようになっています。

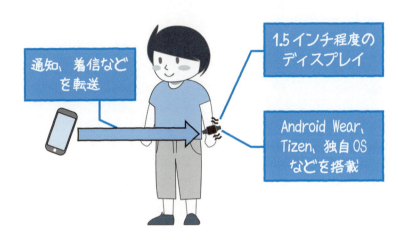

図7.16　スマートウォッチの主な特徴

中サイズディスプレイ

スマートウォッチは、その盤面に1.5インチ程度のディスプレイを備えています。ディスプレイの形状は四角もしくは円形です。盤面全体をディスプレイとするものが多いですが、盤面の一部にだけディスプレイを持ちスマートデバイスから来た通知だけを省スペースで表示するタイプもあります。

また、ディスプレイは、スマートデバイスと同様にタッチディスプレイの製品や、ボタンや竜頭で操作できるものもあります。タッチディスプレイでは、直感的に操作できます。対してボタンや竜頭での操作は、タッチディスプレイよりも電力的に優れており、より長い時間利用できます。

豊富な通知機能

通知機能としてはスマートグラスと大差ありませんが、スマートウォッチのほうがよりスマートデバイスとの連携を意識して通知が行なわれます。スマートウォッチはスマートデバイスの子機的な利用方法が多く、スマートウォッチの装着者はスマート

デバイスに来た通知に対し、スマートウォッチからスマートデバイス経由で対応することが可能です。

多様な搭載OS

スマートウォッチは、世界中のメーカーがこぞって開発しているウェアラブルデバイスです。搭載されるOSも独自OSからオープンソースソフトウェアのOSまで多岐にわたります。しかし、Android OSのウェアラブルデバイス版であるAndroid Wearの登場以降は、Android Wearが多く採用されています。今後のアプリケーションの開発と展開の容易さを考慮した場合、Android Wearのような標準的なOSを利用すると良いでしょう。

● 用途

スマートウォッチは、装着の容易性や中サイズのディスプレイを活用したさまざまな用途が検討されています。また、用途ではありませんが、腕時計という製品カテゴリの特性上、自身のステータスやファッションを表現するアイテムとしても利用されています。逆にいってしまうとファッション性をともなわないスマートウォッチは日常的に身に着けてもらえません。

スマートグラスと同様にスマートフォンの子機的な利用方法もありますが、以降ではスマートウォッチの代表的な用途を見ていきます。

簡易な入力デバイスとして利用

音声認識機能や中サイズのディスプレイを備えているので、それらの機能を利用して簡易に文字などを入力するデバイスとしても利用されます。

ただし、すべての音声を音声認識機能で正確に文字にすることは難しく、またディスプレイサイズやキーボードの関係で長文などの入力には適していません。そのため、定型文などの入力以外については連携するスマートデバイスを利用することが多いです。

フィットネスサポート

健康を意識したスマートウォッチの場合、デバイスに搭載されるセンサで装着者の身体状態を計測し、フィットネスのサポートに利用されます。特に歩数計や心拍数計として利用されています。たとえば、心拍数を見て運動強度をコントロールしながら運動したりダイエット効果を高めるとされる運動の仕方が人気を高めています（図7.17）。

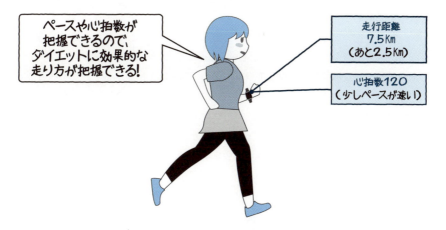

図7.17　スマートウォッチによるフィットネスサポート

7.2.4　アクセサリ型

　最後はアクセサリ型です。本書では、グラス型、ウォッチ型に含まれない形状のウェアラブルデバイスの総称としてアクセサリ型という言葉を用いています。

　アクセサリ型のデバイスでは、腕に巻いて利用するリストバンドタイプのデバイスが多いです。小型で軽量のセンサを腕にまとい、容易に装着者の運動状況や睡眠状況を計測できることで人気を博しています。

　また、リストバンド型以外では、ヘッドバンド型や指輪型のデバイスがあります。特徴的な形としては、衣服として着用するタイプの衣類型や上腕に装着して筋電位を計測するアームバンド型もあります。

●特徴

　さまざまな形状があるアクセサリ型ですが、いくつか共通した特徴があります。

省電力かつ長時間利用

　アクセサリ型のデバイスの多くは、数種類のセンサを備えていますが、計測したデータを確認するための高性能なディスプレイは付いていません。ディスプレイが付いていたとしても数字などを簡易に確認する程度のものなので、非常に省電力かつ長時間の利用が可能です。日常的に身に着けるデバイスが多いため、長時間稼働できるこ

とは非常に重要です。

ジェスチャー認識

　指輪型やアームバンド型のウェアラブルデバイスでは、内蔵するセンサを利用して指の動きや手の動作を認識できるものがあります。たとえば、指輪側のデバイスでは、内蔵の加速度センサなどを用いて、指で空中に描いた文字などを認識できます（図7.18）。アームバンド型では、上腕の筋電位を測定することにより、装着者の手がどのような形や動作をしているかを認識できます。

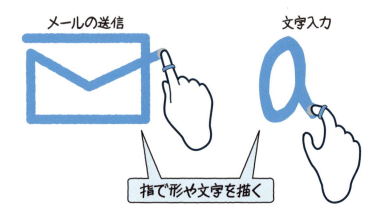

図7.18　指輪型デバイスを用いたジェスチャーでの入力の例

　ただし、ジェスチャー認識については、その認識精度が環境や利用する人に影響されるといった課題があります。

特徴的なセンサを搭載

　アクセサリ型のデバイスでは、身に着ける場所や用途に関連して特徴的なセンサを搭載しているデバイスもあります。

　たとえば、ヘッドバンド型のデバイスでは、脳波を測定するセンサが搭載されています。また、先ほどのジェスチャー認識でも筋電位を測るデバイスがありましたが、こちらも筋電位を測る特殊なセンサが腕輪型のデバイスの内側に搭載されています。さらに、ものによっては装着者の心電図や心電波形を計測するセンサを搭載するデバイスもあります。

◉用途

アクセサリ型のデバイスの用途も、各メーカーや形状によって大きく異なります。形状別に用途を見ていくと共通項がつかみにくいので、ここでは利用されるセンサに着目して代表的な用途と一部特殊な用途を見ていきます（図7.19）。

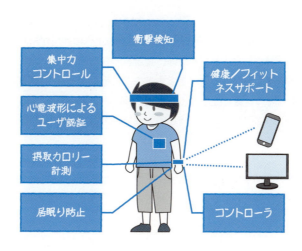

図7.19　アクセサリ型の用途の例

コントローラ

デバイスに内蔵される加速度センサや筋電位センサを利用して、装着者のジェスチャーを認識します。認識されたジェスチャーの結果をデバイス、もしくは連携する外部デバイスのコントロールに利用できます。

たとえば、デバイスを装着した腕で特定の動きをさせることによって、連携するスマートデバイスの音楽を再生することなどができます。

健康／フィットネスサポート

スマートウォッチと同様に、アクセサリ型のデバイスも、豊富に搭載されるセンサを利用して、健康増進やフィットネスやトレーニングのサポートに使用されます。スマートウォッチでは搭載できない／されていないセンサを搭載するものもあり、より本格的に健康やフィットネスに利用される際に用いられます。

特殊なセンサを利用した各種用途

　汎用的なセンサではなく、特殊なデータを計測するためのセンサを利用した場合には、そのセンサの特徴を考慮した特殊な用途があります。

　たとえば、衝撃センサを搭載した自転車のヘルメット用の特殊なデバイスでは、自転車の運転者が転倒した際の衝撃を検知して遠隔にいる家族などに通知するということもできます。

　心拍を計測できるセンサを搭載したデバイスでは、計測された心拍のリズムやパターンを分析し、トラックなどのドライバーの居眠り防止への利用が検討されています。

　先ほど登場した脳波を測るセンサでは、装着者の脳波を分析して緊張度合いやリラックス具合、集中度などを可視化できます。この可視化データを利用して、効率の良い学習環境や学習時の状態把握などへの応用が検討されています。

　さらに医療系への応用として、血流をカメラで撮影して摂取カロリーを測定するものも検討されています。

　このように、アクセサリ型では、スマートグラスやスマートウォッチと違い、形状や装着場所、搭載されるセンサが多岐にわたるため、さまざまな特殊な用途が想定されています。

7.2.5　目的別の選び方

　ここからは、これまで見てきたウェアラブルデバイスの特徴を考慮し、どのような基準でデバイスを選定すれば良いかを考察します。

　ウェアラブルデバイスを利用する際の代表的な3つの目的、

- **情報の表示**
- **デバイスコントロール**
- **センシング**

と、その他の各種使い方について見ていきます。それぞれの目的の中でどういった選択肢があるのか、どういったポイントに気をつけてデバイスを選択するのかについて考えてみましょう（図7.20）。

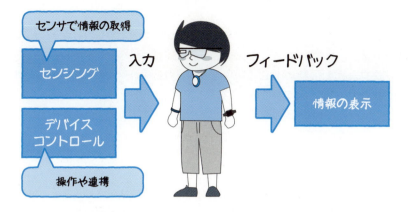

図7.20　ウェアラブルデバイスの主な選択基準

◉情報を表示させる

　ウェアラブルデバイスを用いてディスプレイに情報を表示させる場合に考慮すべきポイントです。（図7.21）

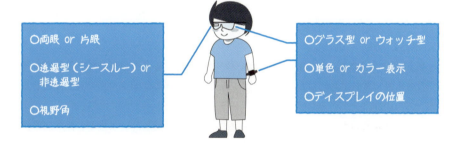

図7.21　情報表示における選択のポイント

グラス型もしくはウォッチ型

　ディスプレイに情報を表示する場合、利用できる主なデバイスは、グラス型デバイスかウォッチ型デバイスになります。

　情報をハンズフリーで閲覧する必要がある場合は、グラス型デバイスを選択する必要があります。ウォッチ型デバイスでは、通知に気付くことはできたとしても、その内容をディスプレイで確認するには腕を返す動作が必要となります。

ディスプレイのグラフィック

　ウェアラブルデバイスのディスプレイには、モノクロ表示のものとカラー表示のものがあります。

　モノクロ表示は、情報が単色（1色）で表現される代わりにディスプレイにおける電力消費が少なく、バッテリの持ちに貢献します。

　一方、カラー表示は、画像や動画をカラーで表現できるため、バラエティに富んだコンテンツを表示できますが、消費電力は単色に劣ります。

ディスプレイの位置

　ウォッチ型デバイスでは、ディスプレイは手首の甲側に表示されるため、表示内容を確認する場合には手首を返して視線を腕に落とす必要があります。

　一方、グラス型デバイスでは、ディスプレイは眼前にあるため、視線をほとんど外すことなく表示内容を確認可能です。ただし、実際に見える表示内容は、現実世界とは焦点距離が合わずに両方を同時に見ることは不可能といっても過言ではありません。

　また、片眼タイプのグラス型デバイスでは、ディスプレイの位置が眼前の正面か上下に位置されるものがあり、普段の視界をどれくらい邪魔しないほうが良いかを検討すると良いでしょう。

両眼もしくは片眼

　グラス型デバイスには、左右の眼それぞれにディスプレイを用意している両眼タイプのものと、左右どちらかの目にディスプレイを用意する片眼タイプのものがあります。

　大きな画面で動画を見たりする場合には両眼タイプが適していますが、装着者の意識のほとんどがディスプレイに向くため、他のことをしながら利用する用途には向きません。

　一方、片眼では大きなディスプレイは期待できませんが、装着者の視界を大きくふさがないため、他のことをしながら情報を確認する用途に適しています。

透過型もしくは非透過型

　グラス型デバイスは、ディスプレイの奥の現実世界が透けて見える透過型（シースルー）と、一般的なディスプレイと同様に背景が透けない非透過型があります。利用する環境に応じて使い分ける必要があります。

　透過型ディスプレイの場合、ディスプレイに表示された情報の奥が透けて見えるため、周囲の状況をかろうじて把握できますが、明るい場所（たとえば日光下など）では背景の光が強くディスプレイに視認性が低下します。

　一方、非透過型ディスプレイの場合は、ディスプレイの奥が透けていないため、ディスプレイの奥になにがあるのか確認できません。しかし、視認性は外部の環境に依存されにくくなります。

視野角

　グラス型デバイスのディスプレイでは、視野角が見えるディスプレイサイズに大きく影響します（図7.22）。視野角が小さければ、解像度が高いディスプレイを搭載したとしても、実際に見えるサイズが小さく、解像度の恩恵を受けられません。表示したいコンテンツに応じて、必要な視野角のデバイスを検討すると良いでしょう。

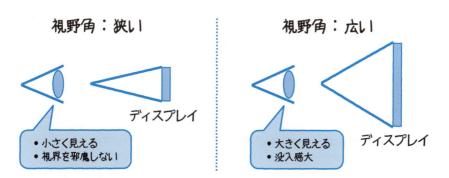

図7.22　視野角の違い

◉ デバイスコントロール

　ウェアラブルデバイスを用いてそのデバイス自身もしくは連携するデバイスをコントロールする際には、主に図7.23のコントロール方法があります。デバイスをコントロールしたい環境や条件によってどのコントロール方法が良いかを検討すると良いでしょう。

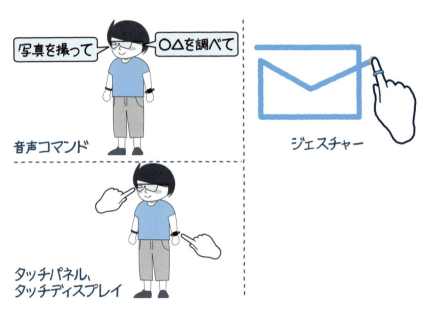

図7.23　主なデバイスコントロール

音声コマンド

　装着者の声を利用してデバイスをコントロールする方法です。特定のコマンドを読み上げることでコントロールを実施します。

　手を使って操作できない環境で効果を発揮しますが、騒音が大きい場所では装着者の声を正しく読み取ることができず誤認識などが発生します。そのため、そのような場合は、騒音環境下でも利用できる高性能マイクを利用するか、別のコントロール方法を検討する必要があります。

ジェスチャー

　装着者の特定の身体の動きを利用してデバイスをコントロールする方法です。装着

者のジェスチャーを認識させる方法としては複数あり、たとえば赤外線カメラやモーションセンサ、加速度センサなどが代表的です。

ジェスチャーに利用する身体の部分としては、指や手、頭などがあります。指の場合は、指で文字やアイコンを描く動作で文字を書いたり操作を行なったりできます。手の場合は、たとえば手でスライドをめくる動作でパソコンのスライドをめくったり、銃を撃つ動作でゲーム内の銃を撃ったりなどの操作ができます。

上記2つは手を使ったジェスチャーですが、手を使えない環境では加速度センサで頭の動きをセンシングする方法があります。この他にも、特徴的なジェスチャーとして、瞳の瞬きを利用したウインクや、目の向いている方向を検知するアイトラッキングなどがあります。

タッチパネル、タッチディスプレイ

ウェアラブルデバイスでも、タッチパネルやタッチディスプレイを持つものがあります。タッチ動作はスマートデバイスやパソコンなどでユーザが慣れた方法なので、直感的に操作できます。ただし、どちらも手を使ったコントロールとなるため、両手が使えない状況での利用は困難です。

◉センシング

センシングしたい内容に応じて、どのようなデバイスで取得可能かを見ていきます。すでに見てきたとおり、ウェアラブルデバイスにはさまざまな種類のセンサが搭載されています（図7.24）。

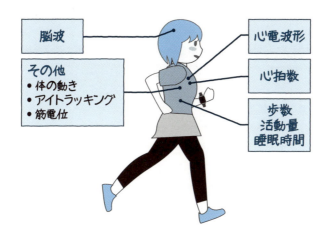

図7.24　主なセンシングデータ

歩数／活動量／睡眠時間

　ウォッチ型やアクセサリ型のデバイスの多くで取得できます。ただし、各メーカーの加速度センサの利用の仕方により、計測できる値に多少のばらつきがあります。

　睡眠時間については、着けたままで自動的に判断してくれる製品と、手動で睡眠時間計測モードに切り替える製品とが混在します。また、可視化された活動量を見ながら、後から睡眠時間を登録できる製品もあります。

心拍数

　ウォッチ型の一部デバイスや胸に装着するタイプのアクセサリ型デバイス、衣服型のデバイスで取得できます。

　腕に着けるタイプでは、主にウォッチなどの盤面の裏から光を照射し、反射する血流の流れを見ることで心拍数を計測します。

心電波形

　腕に着けるリストバンド型デバイスの一部や胸に貼り付けるタイプのデバイス、衣服型のデバイスで取得できます。

　胸に貼り付けるタイプのデバイスでは、電流の流れを良くするためにジェル状のものを塗る必要があります。トレーニングシャツなどの衣服型デバイスは肌と密着するため、その必要はありません。

脳波

　ヘッドバンドやヘッドセットの形状のデバイスで、特別なセンサを用いて取得できます。

　脳波という頭部から発せられる波形であるため、現時点では他の形状のデバイスでは計測できず、頭に装着するタイプのデバイスが必須となっています。

身体の特定部位の動き

　身体の特定部位の動きを計測したい場合は、動きを計測したい部位に合わせてデバイスを選択する必要があります。

　単純に手を振っている、手を振り上げたなどの動きを取得したいのであれば、リストバンド型やウォッチ型のデバイスの9軸加速度センサを用いて動きに関連するデータを取得できます。

　手を握る動作や特定の指を曲げる動作などは、腕に装着して筋電位を測定するセンサを用いて取得できるでしょう。また、指を動かす動作などは、指輪型のデバイスの

加速度センサを用いて取得できます。

　眼球の動きや瞬きなど目の動きを取得したい場合は、メガネ型のデバイスの内側に搭載される赤外線センサやアイトラッキングカメラを利用する必要があります。細かい眼球の動きや見ている方向を取得したい場合は、アイトラッキングカメラが必須となります。

●その他

　ウェアラブルデバイスを選択する基準について機能面に着目して見てきましたが、機能面以外にも、デバイス選択の際にいくつか考慮すべきポイントがあります。機能に問題がなくても非機能な視点で検討することで、適切なデバイスが選択できます。

バッテリの容量、交換

　ウェアラブルデバイスを利用する際に必ず検討のポイントとなるのが、バッテリの容量、すなわち電池の持ちです。

　バッテリの容量とバッテリのサイズは比例関係にあり、長時間利用できるようにするとデバイスのサイズが大きくなってしまいます。想定しているウェアラブルデバイスの用途はどのようなものか、連続稼働はどの程度必要かを検討してから、デバイスを選択する必要があります。

　また、交換可能なバッテリを採用しているモデルもあります。稼働中でもバッテリを交換できるデバイスもあり、このようなモデルではバッテリ交換を適宜実施することで、本体の重量を抑えながら長時間稼働させることができます。

　また、対症療法的ですが、長時間稼働させる他の手段として、モバイルバッテリを携帯し、充電端子から給電しながら利用するという方法もあります。

セパレート方式

　ウェアラブルデバイスを選択するうえで重要なポイントが、操作性とバッテリの持続性です。ウェアラブルデバイスの特性上、デバイスを操作するためのキーボードやマウス、操作性の良いタッチディスプレイは備わっていません。また、デバイスの軽量化を実現するために大容量のバッテリは搭載していないものが大半です。

　これらウェアラブルデバイスでは実現が難しいポイントに対し、メガネ型のウェアラブルデバイスであるスマートグラスでは、ディスプレイやカメラが搭載されるメガネ部分と、バッテリやタッチパッド、ボタンを搭載した本体とを分けることで、上記のポイントの両立を実現する製品もあります（図7.25）。

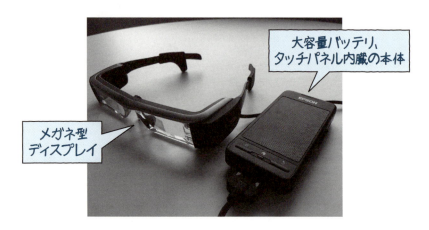

図7.25　セパレート方式の例

スマートグラスを利用する場合は、

- メガネ部分を軽量に保ち、長時間装着しても疲れないようにすべきか
- 本体が有線で接続されることで不便さがないか

という観点で検討します。

開発環境

　ウェアラブルデバイスを用いてアプリケーションを開発しようとした場合、アプリケーションの開発環境があるか否かは非常に重要なポイントです。

　ウェアラブルデバイスによっては、メーカーが開発環境やSDKを用意している場合があります。プログラムを作成するためのIDEを提供している場合や、既存のAndroidアプリケーションの開発環境に独自のライブラリを提供している場合など、メーカーによって状況はさまざまです。

　ウェアラブルデバイスを利用したアプリケーションを開発する場合は、開発環境がどれくらい整っているかも選択基準として検討すると良いでしょう。

7.3 ウェアラブルデバイスの活用

これまでにウェアラブルデバイスの分類や特徴、どのような選択基準で選ぶのかについて説明してきました。本節では上記をふまえて、ウェアラブルデバイスをどのように活用するのか、活用するためのアプリケーションはどのようなものがあるのかについて見ていきます。また、現在はまだアプリケーションが出てきてませんが、今後期待される活用シーンなどを説明していきます。

7.3.1 ウェアラブルデバイスの利便性

ウェアラブルデバイスを活用することにより、装着している人はさまざまな利便性を享受できます。では、どのような利便性があるのでしょう。

それは、「ウェアラブルデバイスを身に着けている人の能力が拡張される」という点です。たとえば、デバイスが「見ているものをすぐに認識、検索して物体の概要や用途を瞬時に把握できる」といった情報提供を行なうことで、「人の記憶力をサポート」します。

また、装着者自身の状態を把握するための感覚器官も拡張できます。たとえば、ウェアラブルデバイスを装着することは、各種センサを身に着けることと同じです。これによって、装着者の身体情報を逐一取得できます。搭載されたカメラで装着者のまわりの状況を撮影すれば、装着者の視覚を鮮明にかつ永続的に保持することもできます。

ウェアラブルデバイスは、常に身に着けているデバイスであるため、なにかしらの通知や情報を提示するデバイスとして非常に適しています。カバンの中に入れっぱなしにしているスマートフォンへの通知や電話の着信を、ウェアラブルデバイスならば逃すことなく装着者に通知できるのです。この通知も、ある意味、人間がなにかに気付く能力、いわゆる知覚の拡張ととらえることができるでしょう。

7.3.2 コンシューマでの活用シーン

続いて、コンシューマではどのような活用方法があるかを見ていきましょう。

コンシューマでの利用シーンの多くは、ウェアラブルデバイス、特にリストバンド型のアクティビティトラッカーを通じたIoTサービス上での健康管理です。現時点では、この健康管理が主な利用シーンとなっていますが、スマートウォッチやスマート

グラスがもっと普及すれば、違った利用方法も考えられます。

デバイスの種類の説明でもいくつか利用シーンを取り上げましたが、ここではそれ以外にコンシューマで期待されるいくつかの活用方法について見ていきます。

◉医療データの取得

ウェアラブルデバイスのさまざまなセンサを用いて、装着者の身体情報や周辺の環境情報を取得できるようになります。この各種取得データを、現在は自身の健康管理やトレーニングの補助に利用していますが、今後はこれらの人に関する情報をIoTサービスで分析し、医療分野での活用が想定されます（図7.26）。

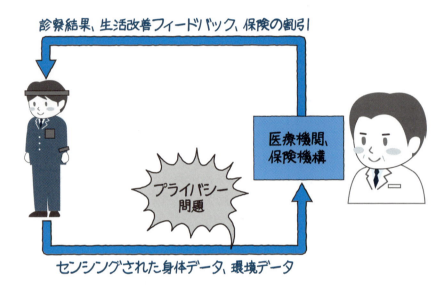

図7.26　医療分野でのセンサデータの活用

自身の身体に関するデータがIoTサービスに連携され、医師などの専門家による診断を常日頃から受けられるというサービスが実現できるかもしれません。また、これらの診断結果を用いて、健康診断の代わりに利用することも検討できるでしょう。ウェアラブルデバイスを身に着けて定期的に健康データを医療機関や保険会社に共有すれば、加入している保険に対して割引が適用されるなどのサービスも出てくるかもしれません。

しかし、便利になる一方で、このような医療データの活用を考えた場合に必ず出てくる問題が「取得したプライバシー情報をどう扱うか」です。これは、法律や個人の

感情、世論によって左右される問題です。そのため、技術的な問題も多くありますが、このような社会的な問題をどのように解決していくかが重要になってきています。

◉ライフログ

ウェアラブルデバイスで取得した各種データをIoTサービスに貯め込み、装着者の行動を記録するライフログとして利用します。

たとえば、スマートグラスの前面カメラを使って、定期的に撮影された写真を時系列に表示し、特定の日を振り返ったりすることができます。また、センサで取得したデータをIoTサービス上で分析し、可視化して、体調が悪かった日について後日、その日の歩数や睡眠といったデータとともに振り返ることができます。

写真の撮影については先ほどと同様にプライバシーの問題がついてまわります。他人の同意なしに自由に他人の写り込んだ写真を撮影して良いかなどの議論があります。

◉ゲーム

コンシューマ向けのアプリケーションとして非常に有望なものは、やはりゲームの分野でしょう。

没入型のHMDは、体験型ゲームのプラットフォームとして特に注目されており、さまざまなアプリケーションがサードパーティの開発者より提供されています。

また、HMD型デバイス単独ではなく、他のセンサデバイスと連携させることで、よりリアルに自分の動きをゲームに反映できるようになっています（図7.27）。たとえば、腕に着けたスマートウォッチの加速度センサを利用して腕の振りを検知し、それをHMD内のゲーム上で剣を振り下ろすアクションに結びつけることで、より没入感の高いゲームに仕上げることができます。

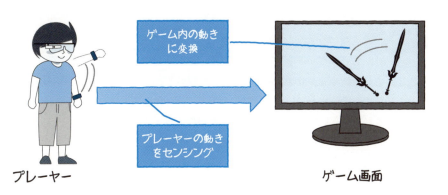

図7.27　ゲーム分野での活用

◉ナビゲーション

　目線と同じ方向にディスプレイの付いているスマートグラスを用いて、現在地から目的地までのナビゲーションとして利用する方法も注目されています。車のカーナビゲーションと同様に自分の進んでいる方向（スマートグラスの場合は顔が向いている方向）に合わせて眼前のディスプレイ上の地図が回転することで、迷わずに目的地までナビゲーションすることが可能です（図7.28）。

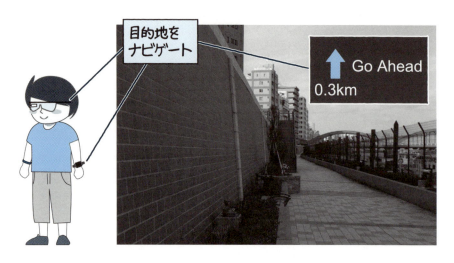

図7.28　ナビゲーションとしての活用

　今後、ウェアラブルデバイスから収集できる人の位置情報や、車の走行状態、信号機の状態をIoTサービスで分析して、より正確で柔軟なナビゲーションシステムが実現される可能性があります。

7.3.3　エンタープライズシーンでの活用

　さまざまな機能やセンサを搭載したウェアラブルデバイスは、エンタープライズシーンでの活用も期待されています。特に両手がフリーになるスマートグラスは、両手を使うことができない状況でも、デバイスを操作できます。そのため、そのような状況でも作業に関する情報を閲覧したい製造業や物流業でニーズがあります。
　ここでは、エンタープライズシーンでのニーズが多い、スマートグラスを用いた活用例について見ていきましょう。

●受付補助

　企業の受付や空港でのチェックインなど、人と人が対面して接客をする場合にスマートグラスを活用できます。

　スマートグラスがあれば、そのつど来訪者の情報をスマートグラス上のディスプレイで確認することが可能です。あらかじめ、RFIDタグやビーコンを使い、登録している来訪者と照らし合わせるという方法で実現できます。スマートグラスを活用することで、人の記憶に頼らずに接客できるため、サービスの品質を一定にすることができます。

　また、スマートグラスの前面のカメラを利用することで、顧客の顔を認識させることもできます（図7.29）。現状ではコンピュータで「だれの顔」かを正確に判別するのは難しいですが、今後実現される可能性が高いでしょう。

図7.29　顔認識を用いた活用例

●遠隔からの作業支援

　スマートグラスを通じてコミュニケーションをすることで、遠隔から作業を支援できます。現場の作業者にスマートグラスを装着してもらい、作業者の目線や状況を遠隔地にいるベテラン作業者と共有することで、視界を共有しながら作業に関する指示をもらうことができます（図7.30）。

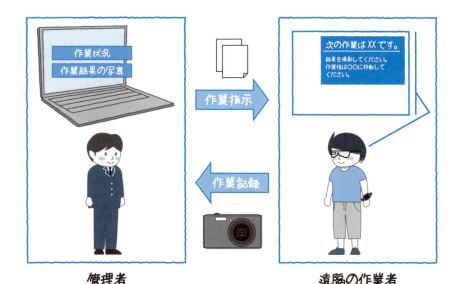

図7.30 遠隔作業支援の活用例

　遠隔からベテラン作業者がサポートすることで、今まで一人では対処できなかった作業も現場に駆けつけた作業員のみで対応できるようになります。

◉作業トレーニング

　スマートグラスの前面に付いている目線方向のカメラを利用して、ベテラン作業者の目線映像を記録しておくことで、習熟度の低い作業者のトレーニングに利用できます。

　習熟度の低い作業者は、ベテラン作業者の目線動映像をハンズフリーで眼前のディスプレイで確認しつつ、実際に手を動かしながら作業のトレーニングができます。言葉や画像だけでは伝わりにくい作業のポイントについて、目線映像を閲覧することで、より直感的に理解できるようになります。

◉ハンズフリーマニュアル確認

　機械の修理やメンテナンスを行なう場合、スマートグラスを用いてマニュアルを確認できるようになります。これまでは、マニュアルを閲覧するときは、いったん作業の手を止める必要がありました。スマートグラスを活用することで、作業の手を止めずにハンズフリーで効率良くマニュアルなどを確認できます。

◉ トレーサビリティ確保

　機械の組み立てや食品加工の場面において、作業結果の写真を撮影して証跡として保存しておくことがあります。こうすることで、トレーサビリティを確保でき、後から問題が起こった場合でもどこで作業に不備があったか調べることができます。

　これまでは、チェックリストを用意して記録者がチェックを付けたり、デジタルカメラで撮影したりすることで作業の証跡を残してきました。これらはスマートグラスのカメラと音声コマンドなどで、作業者単独で実現できます。

◉ ピッキング補助

　物流業や製造業では、倉庫内で配送物や機械の部品を指定の場所に集めるピッキング作業がつきものです。どこで、なにを、いくつ、どこに運ぶのかというピッキング作業に必要な情報は、ハンディターミナルを使ってバーコードなどから読み込み、ディスプレイに表示して確認するという作業が必要です。

　現在はピッキング業務を専用のデバイスで行なっていますが、今後はスマートグラスのカメラを使った画像認識やバーコードから必要な情報を読み取り、眼前のディスプレイ上で配送先や個数などを管理することも考えられます（図7.31）。

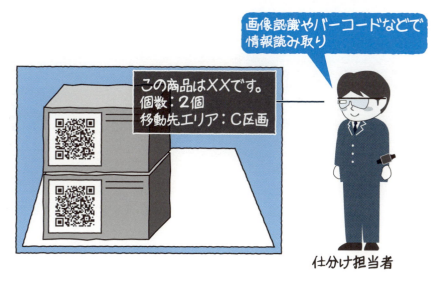

図7.31　物流分野での活用例

COLUMN
ハードウェア開発の最近の動向

最近では多くのウェアラブルデバイスが次々に登場してきています。その理由としてウェアラブルデバイスを取り巻く技術の進化や、社会的環境やニーズの変化がありますが、それ以外にも、クラウドファンディングと呼ばれる資金調達の仕組みや、小ロット生産技術と呼ばれるプロトタイピングの手法も強く関係しています。この2つを紹介しましょう。

クラウドファンディング

新たなデバイスを開発するには、それなりの投資や開発期間が必要です。現在は投資に関しては、インターネット上で資金協力を募るクラウドファンディングを利用するという選択肢があります。そのため、これまで新デバイス開発に踏み出せなかったスタートアップや小規模な企業でも、新デバイスを期待する人たちから資金を調達して開発を行なえるようになっています。

小ロット生産技術

実際に試作機を作る段階でも、さまざまな試行錯誤があり、コストと手間がかかります。しかし現在は、3Dモデリングや3Dプリンタを活用することによって、このコストと手間をだいぶ軽減できるようになりました。また、初期の小ロットでの生産期においても、3Dプリンタで作った試作機をベースに海外のアセンブリ（組み立て専用）メーカーに生産を依頼することで、少ない個数での生産に対応できます。

クラウドファンディングと小ロット生産技術は、ウェアラブルデバイスのみならず、他のIoTに使われるデバイスやIoTサービスそのものにも活用できます。みなさんが、もし新しいデバイス開発やIoTサービスを作る場合、参考にしてみてください。

第 8 章

IoT とロボット

8.1 デバイスからロボットへ

私たちの身のまわりのさまざまなモノがインターネットにつながる、それがモノのインターネット、すなわちIoTです。IoTで使われるデバイスは、日々増えるとともに進化し続けています。その進化の先にいったいなにがあるのか。ここでは、その1つのカタチであるロボットについて取り上げます。

8.1.1 デバイスの延長としてのロボット

IoTとロボットにはどのような関係があるのか、そう疑問に感じた方もいるかもしれません。まずは、ロボットの構成要素を見てみましょう（図8.1）。

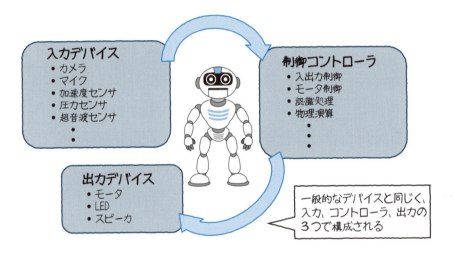

図8.1　ロボットの構成要素

もちろん、アクチュエータやそれを駆動するためのモータドライバなど、ロボットならではの構成要素もあります。制御の中身も、単純な信号制御だけでなく、動作制御から画像認識まで、バリエーションに富んだものを多数実装する必要があります。

しかし、全体のアーキテクチャとしては、一般的なデバイスと同じように、入力デバイス、出力デバイス、それらを制御する制御コントローラの3つで構成されていることがわかります。そういった意味では、ロボットはさまざまなデバイスを高度にインテグレーションしたものと位置づけることができます。すなわち、デバイス開発に

おける多くの成果を適用することが可能です。

8.1.2 実用範囲が拡大しているロボット

従来のロボット市場は、産業用ロボットの分野が中心であり、ロボットは工場の生産ラインなどの限られた環境下で使用されてきました。しかし、近年、その活躍のフィールドは広がりつつあります。

米国Amazonは、工場内の在庫管理を行なうロボットを開発しているKiva Systems社を買収し、同社の配送センタ内の商品の運搬作業をロボット化しています（図8.2）。ロボットは配送センタ内の床に書かれたバーコードを読み取り、適切な在庫を人間のいる場所まで逐次的に運ぶことが可能です。

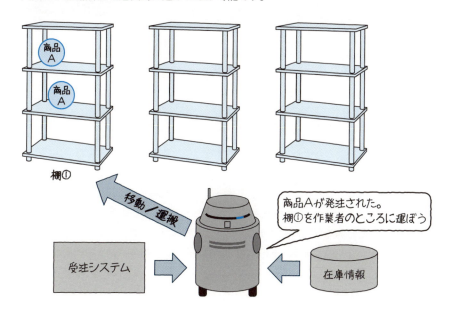

図8.2 配送センタにおけるロボットの利用

棚から商品をピックアップする作業は人間の手で行なわれていますが、それをロボット化する研究開発も進めているようです。また、Amazonは、商品の配送を飛行ロボットで自動化する計画も発表しています。これらが実現されれば、ユーザがWeb上でクリックしてから自宅に配送されるまでのすべてのプロセスがロボットによって自動化されることになります。

また、離れた場所にあるロボットを遠隔操作して、会議やパーティに擬似的に参加

できるテレプレゼンスロボットと呼ばれるロボットも次々と発売されています。遠隔会議システムの延長として、一部の企業で実際に導入がはじまっています（図8.3）。

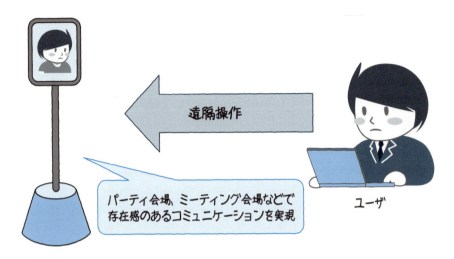

図8.3　テレプレゼンスロボット

　これらの新しいタイプのロボットは、人間の行動範囲に比較的近い場所で働くことになります。そのようなより複雑な環境下で安定した動作を実現するには、周囲の環境の変化に適応することが欠かせません。

　たとえば、テレプレゼンスロボットのケースでは、遠隔操作を行なう場合には人間の視野が制限されるため、すべての移動を人間の手で行なうことは困難です。何キロも離れたところにある無線操縦の模型をカメラの映像だけで動かすことを想像すればその難しさがわかるでしょう。そのため、目的地まで自律的に移動する技術などが欠かせません。

　このように、ある程度自動でタスクを実行する半自律的なシステムを構築するには、さまざまなセンサを組み合わせた高度なロボットシステムを構築する必要があります。

8.1.3 ロボットシステム構築のカギ

　多様なデバイスやセンサを組み合わせたロボットシステムを実現するには、さまざまな課題をクリアする必要があります。ここでは、ソフトウェア開発の観点から、ロボットシステムを開発するために必要な2つのポイントを見ていきましょう。

　まず、1つめは、ロボット用ミドルウェアを効果的に利用することです。先に述べたように、ロボット開発はさまざまなデバイスを高度にインテグレーションする作業です。そのシステムを一から開発することは技術的、時間的、金銭的に大きなコストがかかります。これに対し、ロボットに必要なさまざまなソフトウェア要素をまとめたロボット用ミドルウェアが開発されています。これらを有効に使うことにより、開発の高速化や保守性の向上、外部システムとの柔軟な連携などを実現することが可能です。

　2つめは、ネットワーク環境を効果的に使うことです。先ほど紹介した倉庫管理ロボットやテレプレゼンスロボットも含めて、ロボットがそれ単体でなにか作業を行なうということは少なく、外部から与えられた情報や命令を組み合わせてタスクを実行することになります。そのためには、これまで見てきた他のIoTデバイスと同様に、ロボットもネットワークに接続し、クラウドに置かれたサーバのリソースを利用できる環境を整える必要があります。

　ここからは、この2つのキーポイントを実現するうえで必要な知識を見ていきましょう。

8.2　ロボット用ミドルウェアの利用

ロボットを実際に構築するうえで、開発者が直面する最大の課題は、複数の構成要素をシステムとしてどう統合するかということでしょう。この統合をサポートするのが、ロボット用ミドルウェアです。

8.2.1　ロボット用ミドルウェアの役割

ロボットは、さまざまなハードウェアとソフトウェアの集合体です。ロボットの制御コンピュータには、カメラやマイク、力センサなどの多様なセンサ情報がひっきりなしに入力されてきます。

それらの信号に基づき、状況に即した判断と動作生成を実現するには、個々のハードウェア要素の入出力制御や、画像処理／音声認識といった複雑な認識処理、認識結果を統合してロボットの動きを決定するタスク決定処理などを巧みに組み合わせる必要があります。

ロボット用ミドルウェアは、その実装をサポートするためのプラットフォームです。デバイスコントロール（ドライバ）、ソフトウェアモジュール間の通信インタフェース、ソフトウェアパッケージの管理機能などを提供します（表8.1）。

表8.1　ロボット用ミドルウェアの機能例

項目	概要
デバイス入出力	センサやモータの信号入出力用のAPI
モータ制御	モータの制御信号を生成する制御プログラム
音声認識	音声をテキスト化するための機能
画像認識	画像から顔や特別な情報を抽出するための機能
タスク実行管理	センサ情報や認識結果の条件に基づき、あらかじめ登録したタスクを実行する機能
パッケージ管理	ミドルウェアのモジュールの依存性解決機能

また、最近ではシステムを構築するための開発ツールや、動作シミュレータなどが標準搭載されているものも多くあります。ミドルウェアを効果的に使うことで、ロボットの開発は飛躍的に容易になるでしょう。

主要なロボット用ミドルウェアとしては、RTミドルウェアとROSの2つがあります。これらを詳しく見ていきましょう。

8.2.2　RTミドルウェア

　RTミドルウェア（RT-Middleware）は、ロボットを構成する各要素をソフトウェアモジュール化し、ロボットシステムとして統合するための日本製のソフトウェアプラットフォーム規格です。

　実装としては、産業技術総合研究所によって開発されたOpenRTM-aist（http://openrtm.org/openrtm/ja）をはじめ、いくつかの種類が提供されています。

●RTミドルウェアの特徴

　RTミドルウェアでは、システムを構成するハードウェアやソフトウェアをRT機能要素としてとらえます。これをソフトウェアモジュール化したものをRTコンポーネントと呼び、ロボットはこのコンポーネントを組み合わせた存在として記述されます。

　コンポーネントには、他のコンポーネントとデータをやり取りするためのインタフェースが定義されています。RTコンポーネントとして個々の機能をまとめることで、開発したシステムは柔軟に拡張できます。また、コンポーネントは別のシステムに再利用できるようになります（図8.4）。

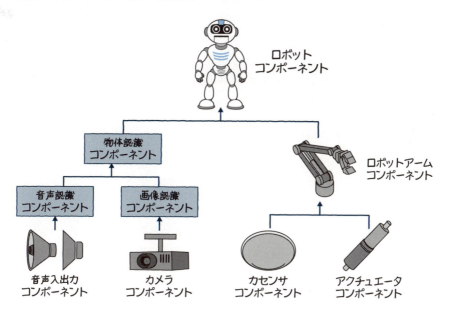

図8.4　RTコンポーネントを組み合わせたロボットシステム

RTコンポーネントのモジュールモデルとインタフェースは、UMLの規格化などで有名なOMG（Object Management Group）の国際標準規格として登録されており、デバイス間、機器間の互換性の問題が生じないよう、配慮されています。

　また、開発環境も充実しています。産業総合技術研究所を中心に、ロボットシステムの設計、シミュレーション、動作生成、シナリオ生成などを行なう統合開発環境OpenRT Platformを開発しており、コンポーネントの作成から統合までを同環境で行なうことが可能です（図8.5）。ロボットを実際に作って実機で動作を確認し検証するためには、多くの労力と時間が必要です。そのため、このようなシミュレーション環境は、ロボットの動作や問題点を素早く確認するために重要なものとなります。

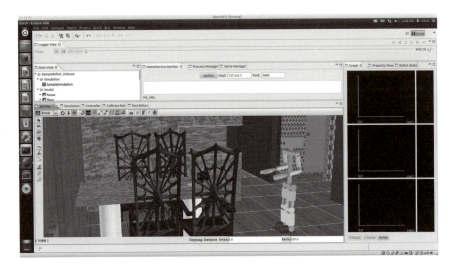

図8.5　ロボット統合開発プラットフォームOpenHRP3のシミュレータ（http://www.openrtp.jp/openhrp3/jp/about.html）

8.2.3　ROS

　ROS（The Robot Operating System）は、欧米で広く利用されているオープンソースのロボット用開発プラットフォームです。現在、世界で最も広く利用されているロボット用のプラットフォームといわれています。

　ROSは、2000年代にスタンフォード大学で行なわれていたパーソナルロボットプロジェクトに端を発し、2007年に米国Willow Garage社の手で開発が開始されました。同社は研究用プラットフォームとして"PR2"を開発し、全世界の研究機関に次々

と提供することで、ROSの機能性を高めていきました。RTミドルウェアとは異なり、国際標準化活動は乏しいものの、活発なコミュニティの支援を背景に導入数を拡大しつつあり、世界的なデファクトとしての地位をつかみつつあります（表8.2）。

表8.2 ROSの歴史

年	事項
2000年代	スタンフォード大学のロボット向けAI開発プロジェクトでいくつかのプロトタイプシステムが作られる
2007年	ROS開発開始
2012年	Open Source Robotics Foundationが設立される
2012年	トヨタ自動車HSRが国内企業でいち早くROSを採用
2013年	ROSの管理主体がOSRFに移管
2014年	Robonaut2がROSを採用。国際宇宙ステーションへ
2014年	8番めのバージョンであるROS Indigo Iglooが公開

　基本的には大学や研究機関における利用がほとんどですが、民間への導入も徐々に進みつつあります。2012年には、トヨタ自動車がROSモジュールを採用した生活支援ロボットHSRを発表しました。
　また、2014年には国際宇宙ステーションで使用されているNASAのロボットRobonaut2がROSを採用し、その信頼性が一定のレベルに達したことを全世界に知らしめました。
　2013年にROSの管理主体はOSRF（Open Source Robotics Foundation）に移管されましたが、米国政府のロボット産業への支援を背景にその存在感は増しています。

◉ROSの特徴

　ロボットシステムの構築という点においてはRTミドルウェアと同様に、ROSも「ノード」と呼ばれるソフトウェアモジュールを組み合わせることによってシステムを構築していきます。
　ノードの仕様を規定した国際標準などはありませんが、独自に「トピック」「サービス」「パラメータ」と呼ばれるインタフェースのバリエーションを提供しており、RTコンポーネントと似た考え方でモジュールを連携させることができるようになっています。
　また、シミュレータや環境の可視化ツールの提供はもちろんのこと、特定のロボットに必要なソフトウェアモジュール群をまとまったパッケージとして提供するなど、使い勝手はRTミドルウェアに引けをとりません。

その意味では、ROSの特徴は、技術的な仕組みよりも、その理念にあると言えます。ROSの公式Webサイトをながめると、

「ROS ＝ Plumbing ＋ Tools ＋ Capabilities ＋ Ecosystem」

という言葉があります。意訳すると「ROSとは、ソフトウェアモジュール群とロボットを利用するための便利なツール、そしてそれらを支えるユーザコミュニティ」です。

民間へのROS導入が進みつつあることは先に触れたとおりですが、ROSのコミュニティはソースコードを公開し合い、多くの研究者が得意な分野で周囲を助け、苦手な分野で周囲に助けてもらうという文化があります。

従来、ロボット研究者は、自律移動アルゴリズムを研究するために地図生成やハードウェア制御のアルゴリズムを学ぶ必要があるなど、遠回りをしなければならないことが多々ありました。ROSという1つのコミュニティは、共通のプラットフォームを利用することにより、お互いの研究をスムーズにし、ロボットの発展を加速させる力があるのです。

8.3 クラウドにつながるロボット

ありとあらゆるデバイスがネットワークに接続されるIoTの概念は、ロボット分野にも適用されつつあります。現在、クラウドコンピューティングとロボティクスを融合させた「クラウドロボティクス」という言葉が注目を集めています。

8.3.1 クラウドロボティクス

クラウドロボティクスを可能にした背景には、次の3つのポイントがあります。

①ネットワークの低コスト化／高速化 ➡ 高速無線通信、光通信
②ビッグデータ処理の高度化 ➡ Hadoop、Spark、Storm、Deep Learning
③ロボット技術のオープン化 ➡ RTミドルウェア、ROS

中でも重要なのが、「ロボット技術のオープン化」です。先ほどのロボット用ミドルウェアの実現によって、ロボットのソフトウェアの整備が進み、統合されたロボットシステムに外部からアクセスするための環境が整いました。

●クラウドロボティクスの機能

クラウドロボティクスは、ロボットに2つの機能を提供します（図8.6）。

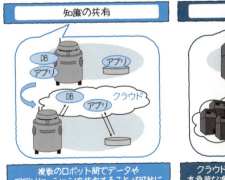

図8.6　クラウドロボティクスで実現できること

1つめは「知識の共有」です。ロボットが家庭内などの環境でタスクを実行するには、室内の地図や、ユーザ情報といった環境固有のデータを事前に収集したり、人間が入力したりする必要があります。従来、ロボットは個々に高度な設定を行なう必要がありましたが、ロボット間でデータを共有することにより、他のロボットが取得した情報を流用したり、補完しながら、ロボットが行動できるようになります。共有できるのはデータだけでなく、アプリケーションにもおよびます。遠隔地で開発者が開発した新たな機能をロボットが利用するといったことも可能になります。

2つめは「強力な演算能力」です。画像認識や音声認識などの認識処理は、機械学習などの高負荷なアルゴリズムを適用する場合が多く、これをロボットで実現するには、ロボットのコストが非常に大きくなってしまったり、認識にとても長い時間がかかってしまうといった事態が予想されます。ロボットをネットワークに接続できれば、音声データや画像データをサーバに送信し、認識結果のみを受け取るといった形でリッチな演算環境を利用することが可能です。

クラウドロボティクスは比較的新しい概念ですが、それを実現するためのソフトウェアが少しずつ開発されつつあります。以降では、クラウドロボティクスを実現するUNR-PFとRoboEarthについて見ていきましょう。

8.3.2 UNR-PF

UNRプラットフォーム（以下、UNR-PF）は、ネットワークに接続した複数のロボットを組み合わせたサービスを構築するためのソフトウェア環境です。国際電気通信基礎技術研究所（ATR）が中心となり、開発を行ないました。

UNR-PFの環境は、サービスアプリケーション、プラットフォームサーバ、ロボットという3つの要素で成り立っています。この中で、プラットフォームサーバは2つの機能を提供します。

●機能1：ハードウェアの抽象化

まず必要なのが、ハードウェアの抽象化です（図8.7）。

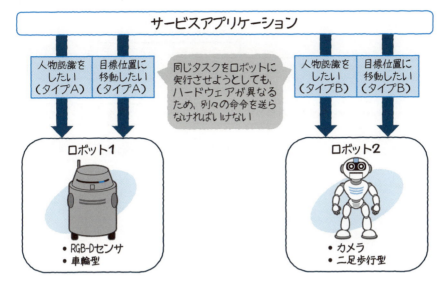

図8.7　ハードウェア抽象化の必要性

　車輪型と二足歩行型の2種類のロボットに対して、「前に進め」という命令を送るシーンを想像してみてください。これらのロボットは共通して移動するための機能を持ち合わせているものの、ハードウェアの構成がそれぞれ異なります。従来のロボットサービスでは、ネットワーク越しにこれらのロボットを動かそうとすると、個々のロボットに対して「車輪を回せ」または「足を動かせ」といった別々の指令を送る必要があります。

　UNR-PFでは、こういった個々のロボットの仕様の違いをプラットフォーム内で吸収し、サービスアプリからは共通したAPIで複数のロボットを使用できる、RoIS Frameworkという仕組みを導入しています。

　RoISの概念の中では、ロボットの機能はHRI（Human-Robot Interaction）コンポーネント、ロボット自体は複数のHRIコンポーネントを組み合わせたHRIエンジンという単位で記述されます（図8.8）。

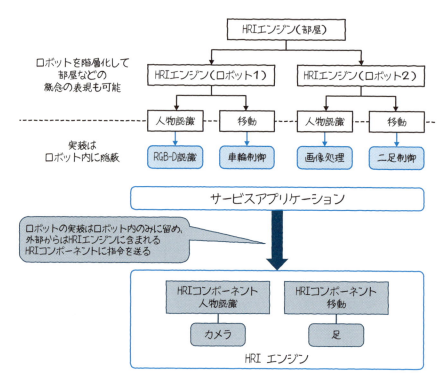

図8.8　RoISの概念

　ロボットを新たにシステムに追加する際には、そのHRIエンジンの構成を表わすプロファイル情報をUNR-PF上に登録します。UNR-PFはサービスアプリケーションから利用したいロボットの機能の一覧を受け取ると、その機能を持つロボットを検索し、遠隔操作ができるよう、サービスとロボットのペアリングを自動的に行ないます。ハードウェアをどのように動かすかはすべてロボットの中に記述されているため、サービスアプリケーションはHRIエンジンの共通APIを用いてロボットをコントロールできます。

　RoIS Frameworkは、OMGによって国際標準規格として認定されています。RTミドルウェアやROSで構築されたシステムとの親和性も高く、多様なハードウェアに適用することが可能です。

◉機能2：サービス環境のデータの共有

　ロボットがサービスを提供するには、ロボットの周囲の地図やオブジェクト情報と

いった空間情報、ロボットを利用するユーザ情報、ロボットの管理情報などのさまざまな情報を統合、管理する必要があります。

UNR-PFは、これらのデータ管理基盤としての役割も果たしており、空間台帳、ロボット台帳、ユーザ台帳といった多様なデータベースをサービス、ロボットに対して提供します（図8.9）。

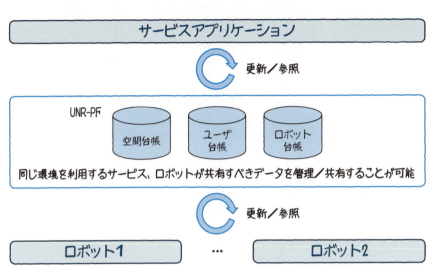

図8.9　環境内のデータ共有

店舗内の案内を行なうロボットなどを想定すると、顔認識やRFIDでユーザの個人認証を行ない、過去の購買情報に基づいて商品をリコメンドする、といったサービスを提供することも可能です。

8.3.3　RoboEarth

RoboEarthは、EU（欧州連合）の第7次研究枠組み計画（FP7）の一環として、欧州の複数の大学と企業が共同で行なったソフトウェア開発プロジェクトです。「クラウドロボティクスの実現」を掲げ、ROS対応のソフトウェアコンポーネントの開発が行なわれました。すべての成果はオープンソースとして公開されており、GitHubなどから入手することが可能です。

まず、RoboEarthのシンプルな概念図を図8.10に示します。RoboEarthにおけるクラウド環境は、大きく分けて2つの要素で構成されています。周囲の地図や環境中に

存在する物体の情報を保存する情報管理基盤RoboEarth DBと、クラウド上での実行処理基盤Rapyutaです。

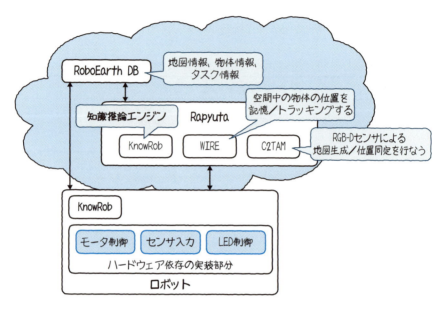

図8.10　RoboEarthの概念

●クラウドエンジンRapyuta

　Rapyutaは、クラウド上にLinuxコンテナとしてロボットの演算処理環境のクローンを作成します。Rapyutaには、ROSノードのインタフェースが用意されており、ロボットからは一般的なROSのノードとして認識されます。そのため、クラウドとローカルの境目を意識せずにクラウドロボティクスの実行環境を一般的なROSのグラフ構造で実装することが可能です。

　RoboEarthでは、Rapyutaを用いたデモンストレーションとして、複数のロボットが協調して1つの地図を作成するケースを紹介しています（図8.11）。ロボットには、RGB-Dセンサと通信用のボードが接続されており、撮影したデータをひたすらクラウド上に送信します。Rapyuta上でそれらのデータを合成し、最終的に複数のロボットで共有可能な地図データが作成されるというものです。

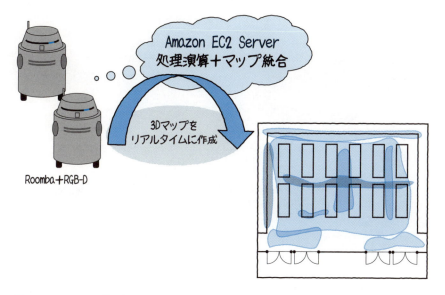

図8.11 Rapyutaによる地図生成

　クラウド環境を利用することで、安価なハードウェアでもこのような高度な処理を行なうことができるという点で、この事例は大きなインパクトを与えました。

●知識推論エンジンKnowRob

　RoboEarthでは、RapyutaとRoboEarth DBの他にも、これらと連携して動作するアプリケーションがいくつか作られています。

　KnowRobは、ロボットのための知識推論エンジンです。RoboEarth DBに蓄積されたデータのほか、Web上の情報、人間の動きを観察した結果、ロボットが取得したセンサ情報などを知識マップ＝オントロジーマップとして統合し、ロボットの自律的なタスク実行を実現します。

　たとえば、「ホットケーキを作る」というタスクを与えられた場合、ホットケーキの作り方、手順、材料といった知識をマップの情報に基づいて推論／抽出し、自律的に動作を実現していきます（図8.12）。知識マップは、人間の手で作り込むこともでき、ロボットに多様なタスクを実行させることに役立ちます。

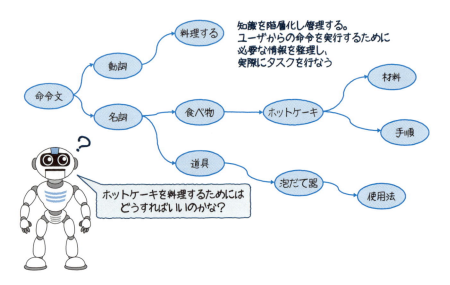

図8.12　オントロジーに基づくタスク情報の推論

　RoboEarthは、2014年1月をもって開発プロジェクトとしての活動を終了しましたが、開発成果は引き続きROSコミュニティの中で使用されています。最新の研究では、UNR-PFとKnowRobを連携させた事例も登場してきています。クラウドロボティクスの取り組みははじまったばかりですが、引き続きさまざまなソフトウェアが開発されていくことでしょう。

8.4 IoTとロボットの今後

　RT-MiddlewareやROSといったロボットシステムを構築するためのさまざまなオープンソースソフトウェアの登場は、従来課題になっていたロボット開発にかかるオーバーヘッドをグッと小さくしました。また、クラウドロボティクスは、私たちの家庭内などの複雑な環境にロボットを導入するうえで、必要不可欠な技術になりつつあります。

　ソフトウェア開発という観点では、ロボット開発コミュニティは依然として大学を中心とした研究開発フェーズが主流であり、ビジネスとしてまだまだ若い分野です。しかし、デバイスが高度化していく先に待ち受けるロボットという存在を、開発者は意識していかなければいけません。

　その未来を実現するためには、現状の課題を分析し、その解決手段としてロボットテクノロジ（RT）の利用を含めた選択肢を顧客に提示できる存在が必要です。もちろん、そのためにはRTに関する知識も必要不可欠ですが、実現したいサービスはなにか、そのためにロボットをどのように利用するのかといった検討も必要になります。

　注意すべき点は、第3章で紹介した「ハードウェア開発の難しさはロボットにおいても変わらない」ということであり、プロトタイピングや事前検証の重要性は一層増していくことでしょう。特に、人間の近くで活動するロボットの場合、高いレベルの安全性と安定性が求められます。事前想定だけでなく、実地で繰り返し検証を行ない、想定外の状況を減らしていくことが重要です。

　サービスロボットはまさに今、研究室から外に出て実用化がはじまろうとしています。IoTサービスにロボットをデバイスとして組み込み、システムとして統合するための術を知ることが、開発者には求められています。

最後に

　本書では、これからセンサやデバイスを活用したIoTを実現するエンジニアに向けてソフトウェア、ハードウェアの両面からIoTの基礎知識を紹介してきました。

　ここまで見てきたとおり、IoTを実現するためには多岐にわたる知識が必要となります。Webサービスを実現するための技術、大規模なデータの処理技術、データベースなど、これまでITエンジニアが得意としていた領域はその一部に過ぎません。これに加えて、センサで情報を収集する、実世界にフィードバックする「モノ」の開発、いわゆるデバイスの実現といったハードウェアやハードウェアとソフトウェアの境界付近の技術についても知る必要があります。

　「はじめに」で、これらの技術は得意分野を分担すれば良いが、お互いの技術の基礎知識を知る必要があると述べました。ここまで読み進めていただいたみなさんは、その意味を体感しているのではないかと思います。たとえば、IoTサービスのデータがデバイスから情報を得るためには、デバイスの仕様を考えてその受信フォーマットや通信方式を決める必要があります。しかし、ITエンジニアだけで考えたフォーマットや通信方式はデバイスエンジニアからすると使いにくいものになっているでしょう。これは、デバイスでできることや実現できることを理解せずに決めるため、起こると考えられます。逆に、デバイスエンジニアがデバイスから送信するデータのフォーマットをサービスでの処理を考えずに送るとITエンジニアにとって自分の作るシステムで処理しにくいモノとなるかもしれません（もっといいフォーマットがあるのに！と思うかもしれません）。これを回避するためには、それぞれの技術を理解して、お互いのいいとこ取りを行なっていくことが重要となります。

　また、技術以外についても本書では重要な観点を述べています。たとえば第5章の運用です。これまでITの世界での運用という点では、作ったシステムを利用するユーザや他のシステムとの連携などはありますが、基本的にはコンピュータの中に閉じたところを考えていました。しかし、IoTでは設置したセンサや利用されるデバイスに関することについても検討していくことになります。つまり、サービスを運用するうえでもITエンジニアだけでなくデバイスを開発するエンジニアやメーカーが得意とする領域が出てくるはずです。

　さらに、IoTはまだまだ成長途中の分野です。そのため、サービスやデバイスがでそろっているわけではありません。第3章で紹介したプロトタイピングや第7章で紹介したクラウドファンドなどを活用することで、いち早く世の中にサービスを提供することや、新しいデバイスを開発するためのマーケティングと資金調達を行なうこと

も重要となります。

　なお、本書の中では深く語りませんでしたが、IoTの分野で大きな事業として進めていくためにはIT企業だけでなく、多くの業種の企業が手を組んでいく必要があるでしょう。家電メーカーやセンサメーカー、工業向けの機器を扱うメーカーもそれらの1つです。さらには、これまで予想されなかった業種、たとえば服飾メーカーや販売会社、メガネやアクセサリを扱っている企業なども参入するかもしれません。実際に、そのような企業もIoTやウェアラブルといったキーワードで参入をはじめています。さらに増えていくことでしょう。IoTは産業全体を活性化させる可能性を秘めており、これからもその動向から目が離せません。

　最後になりましたが、本書ではIoTの基礎知識としてハードウェアとソフトウェアにかかわるベーシックな部分——サービスを実現するための技術、デバイスとそれを取り巻くセンサ技術、データ分析、そして実際の開発で考慮すべき点について見てきました。また、ウェアラブルデバイスやロボットといった、今後私たちの生活を豊かにする新しいデバイスについても紹介しました。

　ただし本書で得た知識はあくまで基礎です。これを入り口として、より興味のある技術を詳細に学んでいってください。

　さあ、ここからはみなさんが本書で得た知識や気づきをIoTサービスの実現に生かしていく番です！　みなさんのIoTサービスが世界を変えて人々の生活を豊かにしていくことを執筆者一同願っています。

参考文献

● 『ユビキタス・ネットワーク』　　　　　　　　（野村総合研究所広報部、ISBN：978-4-8899-0095-8）

　ユビキタスネットワークに関する当時の動向などが記載されています。本書では第1章の執筆にあたり参考とさせていただきました。

● MQTT.org　　　　　　　　　　　　　　　　　　　　　　　　　　　　　（http://mqtt.org）

　第2章で紹介したMQTTの公式ページです。ブローカーやクライアントのライブラリの紹介や最新のMQTTプロトコルの仕様などを確認することができます。

● 距離センサデータシート　　　　　　　　　　（http://www.sharpsma.com/webfm_send/1208）

　第3章で紹介した距離センサの参考としたセンサのデータシートです。このように各センサのデータシートはメーカによって公開されている場合がほとんどです。

● Raspberry Pi　　　　　　　　　　　　　　　　（http://www.raspberrypi.org/products/）

　Raspberry Piの公式ページです。製品の情報やRaspberry Pi用のOSイメージの配布のほか、開発者コミュニティが運営されています。

● Intel Edison　製品サイト　　　　（http://www.intel.co.jp/content/www/jp/ja/do-it-yourself/edison.html）

　Intel Edisonの開発情報の参照のほかに開発者コミュニティが運営されています。

● Intel Edison　ハードウェアガイド

　　　　　　　　　　　　　　（http://download.intel.com/support/edison/sb/edisonarduino_hg_331191007.pdf）

　Intel Edisonの詳細なハードウェア情報を記載したドキュメントがダウンロード可能です。

● BeagleBone Black wiki　　　　　　　　　　（http://elinux.org/Beagleboard:BeagleBoneBlack）

　BeagleBone Blackの仕様から開発情報まで、オープンハードウェアならではの情報公開が行なわれています。

● 『Arduinoをはじめよう 第2版』　　　　　　　（オライリー・ジャパン、ISBN：978-4-8731-1537-5）

　初心者向けにArduinoの説明や基本的な利用方法が記載された本。Arduinoを利用して何かを作りたい場合に最初の一歩として参考になります。

● 『OpenCVによる画像処理入門』　　　　　　　　　　　　　　（講談社、ISBN：978-4-0615-3822-1）

　オープンソースの画像処理ライブラリのOpenCVについてわかりやすく記載されています。学生や初学者にもわかりやすいように、画像処理の基本的なアルゴリズムやプログラムについても解説されています。

● 『わかりやすいGPS測量』　　　　　　　　　　　　　　　　　（オーム社、ISBN：978-4-2742-0954-3）

　GPSの説明や測量に関する高度な使い方まで解説されています。また、複数あるGPSの測位方式について詳細に書かれています。

● 『BI（ビジネスインテリジェンス）革命』　　　　　　　　　（NTT出版、ISBN：978-4-7571-2246-8）

　業務データの分析などビジネスインテリジェンスの基盤となる技術、基本的なデータ分析手法、活用事例について書かれています。センサデータではないですが、業務でのデータ分析という観点で参考となります。

● 『マーケティング・データ解析──Excel/Accessによる』　（朝倉書店、ISBN：978-4-2542-9502-3）

　Excelを利用したデータ分析の本となります。マーケティング分野でのデータ分析手法を解説しています。センサデータの分析ではないですが、データ分析の観点で参考となります。

● 『インタラクティブ・データビジュアライゼーション──D3.jsによるデータの可視化』

　　　　　　　　　　　　　　　　　　　　　　　　　　　　（オライリー・ジャパン、ISBN：978-4-8731-1646-4）

　JavaScriptを用いたデータビジュアライゼーションについて記載されています。データの可視化アプリケーションを作る場合の参考になります。

● 『Hadoop 第3版』　　　　　　　　　　　　　　（オライリー・ジャパン、ISBN：978-4-8731-1629-7）
　Hadoopの基礎から応用までをしっかりと解説している書籍です。Hadoopについてより詳しく知りたいと思った場合に役に立ちます。

● 『集合知プログラミング』　　　　　　　　　　（オライリー・ジャパン、ISBN：978-4-8731-1364-7）
　機械学習のアルゴリズムを数式よりはコードで解説されています。そのため、機械学習の書学者でもわかりやすく理解できます。

● Jubatus　　　　　　　　　　　　　　　　　　　　　　　　　　　　　　　　（http://jubat.us/ja/）
　オンライン機械学習を実現するJubatusの公式ホームページです。インストール方法の手順やソフトウェアのダウンロードが可能です。

● 『データサイエンティストの基礎知識　挑戦するITエンジニアのために』　（リックテレコム、ISBN：978-4897979533）
　データ分析全般の話題から、統計解析ツールRの使い方、Jubatusの利用方法などが解説にされています。IoTにおいてデータ分析を行なう場合に、最初の一冊としておすすめです。

● 『実践 機械学習システム』　　　　　　　　　　（オライリー・ジャパン、ISBN：978-4-8731-1698-3）
　機械学習をシステムとしてどうやって実現するのかが書かれています。機械学習を用いたサービスを作る際に参考になります。

● RoboEarth　　　　　　　　　　　　　　　　　　　　　　　　　　　　（http://roboearth.org/）
　欧州で行なわれたクラウドロボティクスに関する研究プロジェクトです。こちらのサイトではRoboEarthの全体概要について説明されているほか、プロジェクトの中で作られたソフトウェアを入手することが可能です。

● Rapyuta　　　　　　　　　　　　　　　　　　　　　　　　　　　　　　（http://rapyuta.org/）
　RoboEarthの中のコアプロジェクト1つであるクラウド処理実行基盤Rapyutaについて詳細に知ることができます。Wikiページが充実しており、インストール方法やサンプルアプリケーションの実行方法などが詳細に記載されています。

● KnowRob　　　　　　　　　　　　　　　　　　　　　　　　　（http://www.knowrob.org/knowrob）
　RoboEarthの中のコアプロジェクトの1つであるKnowRobについて詳細に知ることができます。KnowRob自体も複数のソフトウェアコンポーネントの組み合わせであり、他のROSのソフトウェアと同様に自由にダウンロードして使用することが可能です。

● ROS　　　　　　　　　　　　　　　　　　　　　　　　　　　　　　　　　（http://www.ros.org/）
　ロボット用ミドルウェアROSの公式ページです。ROSは比較的活発にアップデートされているので、利用する場合はバージョン情報をこちらで確認してください。

● RTミドルウェア　　　　　　　　　　　　　　　　　　　　　　　　　　（http://www.openrtm.org/）
　ロボット用ミドルウェアRTミドルウェアの実装の1つであるOpenRTM-aistの公式ページ。第8章で紹介したシミュレータなどがこちらから入手できます。

● UNR platform　　　　　　　　　　　　　　　（http://www.irc.atr.jp/std/UNR-Platform.html）
　ユビキタスネットワークロボットプラットフォームの公式ページです。ソフトウェアのインストール方法や、ユーザーガイドなど各種ドキュメントを入手できます。

● RoIS　　　　　　　　　　　　　　　　　　　　　　　（http://www.irc.atr.jp/std/RoIS.html）
　ロボットシステムのインタフェース規格であるRoIS Frameworkの公式ページです。OMGで国際標準化された仕様情報などを入手できます。UNR Platformを活用するにはこちらのページ内容の理解が必要です。

● 『ユビキタス技術 ネットワークロボット──技術と法的問題』　（オーム社、ISBN：978-4-2742-0462-3）
　本書の中では触れませんでしたが、ロボットとIoTに関する技術や法的問題が示唆されています。実際にサービスを行なう場合に参考となります。

● 『Learning ROS for Robotics Programming』　　（Packt Publishing、ISBN：978-1-7821-6144-8）
　ROSについて公式Wikiの内容に準拠してかみくだいて説明しています。ROSのバージョンは限られますが、貴重な情報源となります。

INDEX

● 数字
1：1接続	16
1：N接続	16
3G/LTE	26, 89
ウェアラブルデバイス	251
9軸センサ	246

● A・B・C
A/D変換	101
A/D変換回路	77
Android Wear	258
Apache Flume	230
Apache Hadoop	47, 231, 232
Apache Mahout	224, 231, 232
Apache Spark	48, 232
Apache Storm	51
AR（Augmented Reality）	255
Arduino	74
IDE	74, 75
ボード	74, 75
ARToolKit	256
BCDコード	30
Beacon	89, 156
Beagle Bone Black（BBB）	77, 78
BLOB（Binary Large Object）	55
Bluetooth	15, 89
ウェアラブルデバイス	251
互換対応表	90
Bluetooth Low Energy（BLE）	89, 156
ウェアラブルデバイス	251
Bluetooth SMART	90
Bluetooth SMART READY	90
CdS	96
CEP（Complex Event Processing）	232
Clean session	40

● D・E・F
D/A変換	113
D3.js	213
Dサブ9ピンポート	86
EnOcean	92
Ethernet	26, 86
Fluentd	230

● G・H・I
GLONASS	148
GND端子	98
GNSS（Global Navigation Satellite System）	148
GNSS対応	148
GPS（Global Positioning System）	138
構成要素	138
測位方法	141
H8マイコンボード	73
Hadoop	47, 231, 232
HDFS	48, 231
HMD型デバイス	249
HRI（Human-Robot Interaction）	291
HTTP	31
データの送信	57
I/O	55
iBeacon	89, 156
ICチップ	67
IEEE 802.15.4	91
IMES	151
INPUT端子	98
Intel Edison	78, 79
IoT（Internet of Things）	2
位置情報との関係	157
ウェアラブルデバイスとの関係	238
〜が実現する世界	7
関連市場	3
構成する技術要素	9
標準化活動	8
IoTアーキテクチャ	24
IoTサービス	17
ウェアラブルデバイスを用いた〜	239, 241
サーバ構成	27
システム運用保守	200
全体構成	24
データの受信と送信	17
データの処理と保存	18
IoTサービス開発のポイント	173

運用／保守	199	
検討ポイント一覧	204	
処理方式設計	180	
セキュリティ	192	
デバイス	173	
ネットワーク	190	
IoTシステム開発	160	
遠隔運用	202	
開発の流れ	164	
仮説検証フェーズ	164	
課題	160	
機能分散	186	
検討ポイント	204	
サーバ側システムの保護	196	
システム開発フェーズ	165	
システム堅牢性を高める	188	
取集データのプライバシー保護	198	
受信データ量増加に対応	182	
多様な接続デバイスに対応	181	
通信効率化	190	
データ流量の監視と制約	197	
デバイスの保護	194	
特徴	161	
保守運用フェーズ	166	
ログ設計	200	
IoT事例		
省エネモニタリングシステム	170	
植物工場向け環境制御システム	60	
フロア環境モニタリングシステム	167	
IoTデバイス	63	
ウェアラブルデバイス	238	
基本構成	66	
グローバルネットワークとの接続	85	
ゲートウェイ機器との通信	85, 86	
ネットワークとの接続	71	
ロボット	280	

● J・K・L

JSON	42, 43	
Jubatus	234	
Kinect	135	
k-means法	218, 219	
KNIME	224	
KnowRob	295	
KVS	⇒キーバリューストア（KVS）	
Leap Motion Controller	136	
LED	70	
PWM方式による明るさの制御	114	
～とモータの活用	109	

● M・N・O

M2M（Machine to Machine）通信	6	
Mahout	224, 231, 232	
MapReduce	47, 48, 231	
MessagePack	43	
MongoDB	56	
MQTT（MQ Telemetry Transport）	34	
データの送信	58	
～の実装	41	
N：N接続	16	
Nest	7	
NoSQL	55	
NUI（Natural User Interface）	134	
ウェアラブルデバイス	243	
O2O（Online to Offline）	89	
OMG	286	
OpenRT Platform	286	
OpenRTM-aist	285	
OPアンプ（Operational Amplifier）	99	
OUT端子	98	

● P・Q・R

Philips hue	7	
PWM信号	113	
PWM方式	113	
Python	224	
QoS（MQTT）	37	
QoS 0（MQTT）	37	
QoS 1（MQTT）	37	
QoS 2（MQTT）	38	
R	223	
Rapyuta	294	
Raspberry Pi	76	
RDB	⇒リレーショナルデータベース（RDB）	
RDD（Resilient Distributed Dataset）	48, 50	
REST API	32	
Retain	39	
RGB-Dセンサ	126	
主な用途	134	
RNSS（Regional Navigation Satellite System）	148	
RoboEarth	293	
RoboEarth DB	294	
RoIS	291	
ROS	286	
RSSI	153	
RTミドルウェア（RT-Middleware）	285	

● S・T・U

SIMカード（ウェアラブルデバイス）	251	
Spark	48, 232	
Spark Streaming	50	
Storm	51	
TOF（Time of Flight）	133	
Transitive trust	194	

UNR-PF	290
USB	87

● V・W・X・Z

VCC	110
WebSocket	33
データの送信	58
Weka	224
Wi-Fi	88
〜モジュール（ウェアラブルデバイス）	251
Wi-Fiによる位置推定	153
フィンガープリント	154
受信信号強度（RSSI）	153
Will	39
Xbox 360 Kinect センサー	135
Xbox One Kinectセンサー	135
XML	42, 43
ZigBee	15, 91
ネットワーク形態	91

● あ行

アームバンド型デバイス	259, 260
アイトラッキング	246
アクセサリ型デバイス	250
特徴	259
用途	261
アクチュエータ	70
アクティビティトラッカー	244
アナログ／デジタル（A/D）変換	101
アンケートデータの集約	222
位相差	133
衣服型デバイス	259
ウェアラブルデバイス	238
〜の市場	241
インターネットへの接続形態	250
スマートデバイスとの連携	243
備える機能	245
備えるセンサ	245, 246
着用場所の種類	247
デバイスの形状	248
エンタープライズでの活用	274
開発環境	270
コンシューマでの活用	271
利便性	271
ウェアラブルデバイスの選び方	262
情報の表示	263
センシング	267
選択基準	263
デバイスコントロール	266
バッテリ／操作性	269
ウォッチ型デバイス	249
特徴	257

衛星測位システム	138, 148
エイリアス	102
エネルギーハーベスタ	178
エネルギーハーベスティング	92
エミッタ（E）	110
円グラフ	212
演算	210
演算増幅器	99
オープンソースハードウェア	84
オフセット	107
折れ線グラフ	212
温度センサ	13, 94, 96
オンライン機械学習	234

● か行

回帰分析	226
〜によるセンサのキャリブレーション	227
学習器	22
可視化（分析）	207
集計分析	209
例	212
可視化	12
画像センサ	13, 94
加速度センサ	13, 94
カテゴリ分類	221
可変抵抗	100
可変抵抗器	96
キーバリューストア（KVS）	55, 230
RDBとの比較	184
機械学習	21
アルゴリズム	216
学習／識別フェーズ	22
技適マーク	175
基板制作の方法	121
キャリブレーション	103
回帰分析によるセンサの〜	227
教師あり学習	216
教師なし学習	216, 224
距離センサ	94, 97
近接センサ	246
筋電位センサ	246
駆動電源	111
クラウドファンディング	278
クラウドロボティクス	289
グラス型デバイス	252
特徴	252
クラスタ	218
クラスタリング	218
k-means法による分類	219
時間帯〜	220
クラス分類	221
グラフDB	230

グラフ化	207, 212
グローバルネットワーク	85
ゲートウェイ	25
インタフェース	25
遠隔運用	202
サーバへの送信	30
送信データの作成	30
ソフトウェア	26
デバイスとの接続	29
〜デバイスの認証	196
電源	26
ネットワークインタフェース	26
ハードウェア	26
健康／フィットネスサポート	258, 261
検出素子	95
構成比	212
交通量の予測	228
ゴーグル型デバイス	249
コネクティビティ	7, 63
コレクタ（C）	110
コンテキスト	240
コンデンサ	112

● さ行

サーボモータ	70
最小二乗法	226
作動増幅回路	100
サブスクライバー	34, 35
サブスクライブ	35
三端子レギュレータ	112
サンプリング	101
サンプリング周波数	102
ジェスチャーコントロール／認識	245, 260
ジェスチャー入力	259
ジオグラフ	214
識別器	22
次元圧縮（次元縮小／次元削減）	222
湿度センサ	13, 69, 94
視野角	265
重回帰分析	227
周期（T）	113
集計	211
集計分析	209
受光素子	98
受信信号強度（RSSI）	153
受信データのキューイング	183
主成分分析	222
出力デバイス	70
〜の設計と評価	108
準天頂衛星	149
ジョイン	210
照度センサ	246

小ロット生産技術	278
処理方式設計	180
シリアル通信	86
人感センサ	175
シングルボードコンピュータ	73
心電波形センサ	246
心拍センサ	246
推移	212
スイッチング回路	110
ステレオカメラ	128
ストリーム処理	19, 49
スマートウォッチ	248, 256
用途	258
スマートグラス	252
透過型（シースルー型）／非透過型	253
用途	254
両眼／片眼タイプ	253
スマートデバイス	7, 240
ウェアラブルデバイスとの連携	243
スマートホーム	7
制御	12
制御電源	111
赤外線距離センサ	97
赤外線センサ	246
セキュリティ設計	192
セパレート方式	269
ゼロ・ポイント	107
遷移的信頼	194
線形回帰分析	226
センサ	12, 94
ウェアラブルデバイスが備える〜	245, 246
幾何学的な変異を利用する〜	97
計測誤差	175
キャリブレーション	103, 227
高度な〜	124, 125
〜ごとの特性	173
信号処理のフロー	99
代表的な〜	94
〜端末の検討ポイント	174
データシート	107
〜データとサービス	206
データ分析	207
〜の選び方	105
〜の基本原理（仕組み）	95
〜の性能指標	107
法的規制	175
物理特性を利用する〜	95
センサデータ	13
センサネットワーク	179
センサノード	13
センサの利用	98
アナログ信号からデジタル信号へ変換	101

センサの信号を増幅	99
デジタル信号からアナログ信号へ変換	113
センシング	10, 68
ウェアラブルデバイス	267
～間隔と電池容量	178
センサネットワークの設定	179
～データのプライバシー保護	199
センシングシステム	138
センシングデバイス	69
高度な～	124, 125
相関	212
増幅回路	99
測位	138

● た行

多層防御	192, 193
タッチディスプレイ（スマートウォッチ）	257
単回帰分析	227
地磁気センサ	13
抽出	210
地理グラフ	214
通信効率化	190
通信プロトコル	31
抵抗値	95
データ	
集める（ゲートウェイ）	29
加工	231
受信する（受信サーバ）	31
処理する（処理サーバ）	46
貯める／保存（データベース）	52, 230
デバイスのコントロール（送信サーバ）	57
秘匿化	199
プライバシー	198, 199
データ圧縮	190
データ収集	29, 209, 231
取集データのプライバシー保護	198
データ受信	31
受信データ量増加に対応	182
データ流量の監視と制約	197
～とデータ処理の方式検討	183
データ処理	46
機能分散	187
～の階層化	181
データ送信	57
データフォーマット	42
画像／音声／動画データ	45
データ分析	20, 231
高度な～	216, 217
実行環境	223
種類	207
～の基盤	230
～の難しさ	236

データベース	52
運用	185
選択	184
データ保存	52, 230
データベース選択	184
データマイニング	224
～ツール	223, 231
テザリング（ウェアラブルデバイス）	251
デジタル／アナログ（D/A）変換	113
デバイス	9
IoT～	63
遠隔運用	202
高度なセンシング～	124, 125
コネクティビティによる変化	63
コントロールする	57
～制御の機能分散	187
セキュリティ対策	195
～選定	173
設計検討フロー	108
多様なデバイスの接続	181
～同士の接続	16
～の保護	194
配置設計	177
パラメータ設定	178
法的規制	175
デューティ比（W/T）	113
テレプレゼンスロボット	282
電源の取り扱い	112
透過型ディスプレイ	253
同期通信	17
統計的な検定	225
統計分析	21
ドキュメント指向データベース	56, 230
ドットパターン判定方式	131
トピック	34
階層構造	37
ドライバ	110
トランジスタ	99
～を用いたスイッチング回路	110
トレーサビリティ	277

● な行

ナチュラルユーザインタフェース	134
入力デバイス	69
ネットワーク	15
ネットワークグラフ	213
脳波センサ	246
ノード	48

● は行

パーソナルディスプレイ	253
ハードウェアプロトタイピング⇒プロトタイピング	

発見（分析）	208, 225
検定による因果関係の〜	225
バッチ処理	19, 46
パブリッシャー	34, 35
パブリッシュ	35
パブリッシュ／サブスクライブ型	34, 58
パルス幅（W）	113
ハンズフリー操作（スマートグラス）	254
反転増幅回路	100
ビーコン	156
光センサ	13, 94, 96
非構造化データ	19
ひずみゲージ	95
ビッグデータ	47
非透過型ディスプレイ	253
非同期通信	18
非反転増幅回路	99
ピボットテーブル	211
標本化	101
フィードバック	10
フィルタリング	187, 210
フィンガープリント	154
フォトダイオード	96
輻輳角	130
符号化	101
不正の検知	194
プッシュ通知	12
プライバシー	198, 199
プリント基板	121
ブレッドボード	119, 120
ブローカー	34, 35
プロット	214
プロトコル	31
選択のポイント	191
プロトタイピング	115
〜後の開発の流れ	122
〜に必要な道具	119
〜の心得	117
〜のプロセス	116
プロトタイプ	164
分解能	102, 107
分散処理基盤	47
分散ファイルシステム（HDFS）	48, 231
分散KVS	184
分析	⇒データ分析
ベース（B）	110
ヘッドバンド型デバイス	259, 260
ヘッドマウントディスプレイ（HMD）	249
棒グラフ	212
放熱板	113
ポテンショメータ	104
ボリューム／頻度	212

● ま行

マイコン	67
〜開発のプロセス	68
〜から出力デバイスをコントロール	109
〜で電気信号を扱う	98
使用例	68
マイコンボード	67, 73
選び方	71
比較	83
前処理（集計分析）	210
マルチGNSS化	148
脈波センサ	246
無線接続	15, 88
メガネ型デバイス	248, 249
メッシュネットワーク	16
モータドライバ	111
モニタリング	167, 170
モノ同士の通信	6
モノのインターネット	2
〜が実現する世界	7
〜接続	5
モバイル回線	16

● や行

有線接続	25, 86
ユニバーサル基板	121
ユビキタスネットワーク	4, 5
指輪型デバイス	259, 260
予測（分析）	208, 226
回帰分析	226

● ら行

ライフログ	273
力覚センサ	94, 95
リスク分析	192
リストバンド型デバイス	259
リモート監視／管理	202
両眼視差	128, 129
量子化	101
リレーショナルデータベース（RDB）	52, 53, 230
分散KVSとの比較	184
レベニューシェア	166
ログ	200
ロボット	280
〜システム構築	283
〜用ミドルウェア	284
クラウドにつながる〜	289
実用範囲	281

索引

執筆者

●河村 雅人（かわむら まさと）──第1、2章を担当

　大学、大学院ではヒューマンロボットインタラクションに関する研究に従事。株式会社NTTデータに入社後4年間はTrac、Subversion、Jenkinsを中心とした社内開発環境の整備とアプリケーションライフサイクルマネジメントに関する研究開発に従事した。現在はIoT、ロボットを中心とした研究開発に従事し、植物工場やコミュニケーションロボットなど「センサ・ロボット・クラウド」といった技術のインテグレーションを行なう。ソフトウェアのアーキテクチャやプロダクトの選定からはんだ付け、プログラミングまで行なう。興味範囲はロボット、センシング、組み込みからPython、Webアプリ、ソフトウェア開発手法など多岐にわたり、ガジェットやロボットのハックが好き。共著に『Jenkins実践入門』（技術評論社 刊）。

　技術を用いて人を幸せにする社会を作りたい愛と正義のエンジニア。
　Twitter　@masato-ka

●大塚 紘史（おおつか ひろし）──第5章を担当

　株式会社NTTデータ 技術開発本部所属。NTTデータ入社後、システム基盤のセキュリティ品質向上に関する研究開発に従事。入社3年目より、ロボットミドルウェアやインタラクションARを活用したロボットサービス開発に携わる。近年はIoT/M2M分野に注力し、センサデータを効率良く収集するコンセントレータとセンサデータ収集分析基盤に取り組んでいる。その中でセンサデータを集めるだけではなく、どのように使えるか、その可能性を見い出すために、センサを活用したさまざまなシステムを開発してきた。また新しいモノを創出できる3Dプリンタ等のデジタルファブリケーションに興味を持ち、ファブ技術の業務活用や新規サービスの検討を行なっている。

　好きな言葉は「男の仕事の8割は決断だ」。趣味はウクレレ。趣味を持って充実した老後生活を過ごそうと思い2年前からはじめ、日々指先の修練に励んでいる。密かに音楽、センサ、システムの融合を企む。

●小林 佑輔（こばやし ゆうすけ）──第6章を担当

　株式会社NTTデータ入社以来、公共・法人・金融と、分野によらず、さまざまな顧客の分析コンサルティングに従事。分析の内容も「見える化」から高度分析、システム化に向けた構想整理まで幅広く実践。近年は事業での経験を生かした技術開発に注力。SNSを活用した分析や新規領域への分析導入など、データ分析の新たな可能性の開拓に取り組んでいる。また、相談が顕著に増加しているセンサやログデータの分析に関して新たなサービスや価値を考えることが大きな課題であると考えている。

　個人的な興味としては、D3などの可視化技術を活用した分析結果の新たな見せ方や、続々と登場する新しい基盤を活用した分析の仕組みに興味を持ち、日夜、個人的に試行して分析を楽しんでいる。

●**小山 武士**（こやま たけし）　――第7章を担当

　株式会社 NTTデータ入社以来、セキュリティに関する研究開発に従事。Webシステムから近年のスマートデバイスまで幅広い範囲のセキュリティ技術の開発を担当。近年はスマートフォンやタブレットを用いて安全に業務を実施できるようにするモバイル活用基盤の開発を担当し、NTTデータにおけるBYODの仕掛け人的な役割を担った。現在はウェアラブルデバイスのセキュリティへの応用技術の開発やエンタープライズ領域での活用を目論んだ業務アプリケーションの研究開発に取り組んでおり、ウェアラブルデバイスを含むIoTを活用した次世代の働き方の提言を行なっている。2014年のウェアラブルデバイスブームの流れにのり各種メディアから取材を受けるも、まだ一言も喋っている部分が放送されていないのが最近の悩み。プライベートではデジタルガジェット好きの一面もあり、Oculus RiftやAndroid Wear、Raspberry Pi、Kindle Voyageなどを早々に買って活用アイデアを考え（るだけし）て楽しんでいる。

●**宮崎 智也**（みやざき ともや）　――第1章を担当

　大学時代、プログラミングやネットワークの仕組み、情報理論等、コンピュータサイエンスを学ぶ。大学卒業後、株式会社 NTTデータに入社。以降4年間、中央省庁営業を担当。入社後すぐに政府のバックオフィス系業務システムの運用／保守、機能追加、新規システム提案を実施。その後、社会の仕組みに関する将来構想のグランドデザインやTo-Beシステムモデルの検討等、政策支援を実施してきた。現在は社会課題解決のためのロボットサービスの創出に向け、M2M技術やロボット技術を活用したクラウドロボティクス基盤の研究開発、サービスモデル／運用スキームの立案に従事。

　他人からは人付き合いが好きなように見られるが、実は家で1人引きこもっているのが1番幸せを感じる。エンジニア志望だが業務上の役割は営業に近い上流工程であるため、エンジニアになかなかなりきれないことが悩み。

●**石黒 佑樹**（いしぐろ ゆうき）　――第4、8章を担当

　株式会社 NTTデータ 技術開発本部所属。大学・大学院でもロボットに関する研究に従事し、自律移動ロボットやネットワークロボティクス系の技術に取り組む。専門領域はロボット用ミドルウェアの活用とロボットシステムのインテグレーション。技術そのものより「技術がもたらす社会変化」に興味を持つタイプであり、NTTデータ入社後はロボットとクラウドの連携技術をベースに植物工場やファブ社会など未来へつながるトピックを追い求めている。NTT DATA Technology Foresight 2014 技術トレンドの策定にも参画。

　最近は専門外の仕事を振られるポジションだが大抵なんとかするのでもっと褒めてほしい。

●**小島 康平**（こじま こうへい）　――第3、8章を担当

　大学・大学院時代は人間共存型ロボットの知能化に関する研究を行なう。機械学習や高次元空間探索理論の機械制御への応用に関して論文発表多数。現在は株式会社 NTTデータ 技術開発本部に所属。サービスロボットの社会実装に貢献するべく、クラウドロボティクス基盤の研究開発に従事。また、社会課題解決型ロボットサービスのサービス設計なども行なっている。

　センサ情報の収集／分析に基づくコンテクスト認識や、クラウドとロボットの連携システムなど、IoT/ロボットに関連した技術開発に取り組む。最近はApache Storm、Apache Spark、RabbitMQ、MongoDBなど、オープンソース技術の活用にも興味がある。学生時代にサークル活動で人力飛行機を作っていたこともあり、オープンソースハードウェアや3Dプリンタなどの生産技術革新にも大きな関心を寄せている。

　座右の銘は「敬天愛人」。憧れの人はDr.Emmet Brown。ピアノとギターをこよなく愛するエンジニア。

執筆者

装丁＆本文デザイン	NONdesign 小島トシノブ
装丁イラスト	山下以登
DTP	株式会社アズワン

絵で見てわかるIoT/センサの仕組みと活用

2015年 3月16日　初版第1刷発行
2022年12月 5日　初版第6刷発行

著　者	株式会社NTTデータ
	河村雅人（かわむらまさと）
	大塚紘史（おおつかひろし）
	小林佑輔（こばやしゆうすけ）
	小山武士（こやまたけし）
	宮崎智也（みやざきともや）
	石黒佑樹（いしぐろゆうき）
	小島康平（こじまこうへい）
発行人	佐々木幹夫
発行所	株式会社翔泳社（https://www.shoeisha.co.jp）
印刷・製本	株式会社シナノ

ⓒ 2015 NTT DATA Corporation / Kawamura Masato, Otsuka Hiroshi, Kobayashi Yusuke, Koyama Takeshi, Miyazaki Tomoya, Ishiguro Yuki, Kojima Kohei

※本書は著作権法上の保護を受けています。本書の一部または全部について（ソフトウェアおよびプログラムを含む）、株式会社 翔泳社から文書による許諾を得ずに、いかなる方法においても無断で複写、複製することは禁じられています。
※本書へのお問い合わせについては、ii ページに記載の内容をお読みください。
※落丁・乱丁の場合はお取替えいたします。03-5362-3705までご連絡ください。

ISBN978-4-7981-4062-9 Printed in Japan